基础生物学实验

主编 魏力军 陈 岩
主审 李 钰

哈爾濱工業大學出版社
HARBIN INSTITUTE OF TECHNOLOGY PRESS

内 容 简 介

本书是哈尔滨工业大学"十一五"规划教材,其内容是作者在多年的教学实践基础上编写而成的。全书以植物生物学和动物生物学基础实验为主,包括46个实验,涉及动植物细胞、组织、器官、个体等多层次的结构、发育、生理功能和系统分类等知识,注重对学生基本技能和创新能力的培养。

本书可作为师范、农、林、医学等高等院校普通生物学实验教材,也可供中学生物学教师作教学参考书。

图书在版编目(CIP)数据

基础生物学实验/魏力军,陈岩主编. —哈尔滨:
哈尔滨工业大学出版社,2010.7(2015.7 重印)
ISBN 978-7-5603-3086-0

Ⅰ.①基… Ⅱ.①魏… ②陈… Ⅲ.①生物学-实验-
高等学校-教材 Ⅳ.①Q-33

中国版本图书馆 CIP 数据核字(2010)第 174770 号

策划编辑　杜　燕
责任编辑　张　瑞
封面设计　吴金燕
出版发行　哈尔滨工业大学出版社
社　　址　哈尔滨市南岗区复华四道街 10 号　邮编 150006
传　　真　0451-86414749
网　　址　http://hitpress.hit.edu.cn
印　　刷　黑龙江省地质测绘印制中心印刷厂
开　　本　787mm×960mm　1/16　印张 10.5　字数 188 千字
版　　次　2010 年 7 月第 1 版　2015 年 7 月第 2 次印刷
书　　号　ISBN 978-7-5603-3086-0
定　　价　22.80 元

前　　言

生命科学是以实验为基础的科学,实验课是教学的一个重要环节,它是培养学生的分析能力、动手能力和创新能力的一个重要的不可替代的手段。通过基础生物学实验教学使学生掌握有关生物学的基本知识、实验技能和技巧,为生命科学后续课程打好基础,培养学生初步的科学研究能力。

全书分为 3 部分,第一部分为生物学实验的基本要求与技能,内容包括光学显微镜的使用、生物制片技术、生物绘图技术;第二部分为植物生物学基础实验,包括植物的细胞和组织、植物的形态结构、功能、分类等 26 个实验;第三部分为动物生物学基础实验,包括动物的形态、解剖、系统和生理功能等 20 个实验。第一部分和第二部分由魏力军编写,第三部分由陈岩编写,附录由魏力军、陈岩、钱宇编写,全书由李钰主审。

本书的前身是内部教材《普通生物学实验指导》和《基础生物学实验Ⅰ》及《基础生物学实验Ⅱ》。编者总结十余年在本科动植物学教学实践中逐渐积累的经验完成此书,因此,该书应为一本实用性强的生物学基础实验教材。本书得到了哈尔滨工业大学"十一五"规划教材基金的资助,在此表示衷心的感谢!

本书可作为师范、农、林、医学等高等院校普通生物学实验教材,也可供中学生物学教师作教学参考书。在使用过程中可以根据本校和本地区的特点,灵活安排教学内容和时间。

鉴于编者知识和能力所限,书中的不足和错误之处,恳请老师和同学指正。

编　者

2010 年 6 月于哈尔滨

目　　录

第一章　生物学实验的基本要求与技能

一、基础生物学实验室规则

基础生物学实验是培养学生理论联系实际能力，验证和巩固课堂教学所获得的理论知识、训练基本的实验技能、培养独立工作能力的重要过程，也是培养发现问题、分析问题和解决问题的能力的实践过程。因此，必须认真地上好每一节实验课。

基础生物学实验室是开展动植物学实验教学的场所，学生进入实验室，必须遵守以下规则。

（1）严格遵守实验课作息时间，学生应提前 10 min 进入实验室，准备好当日的实验物品，不准迟到早退，否则取消当日实验课成绩。若有特殊原因不能参加实验，必须提前履行请假手续，并在 1 周内协商补做。连续三次旷、缺实验，本课程不计成绩，必须在下学期重选。

（2）每次实验前，必须认真预习与实验有关的内容，包括理论课教材中的相关知识和本实验指导书中的全部相关内容，明确实验目的和要求，充分了解实验内容与步骤。每位学生课前必须写出预习报告，接受实验指导老师的检查后方可进行实验。

（3）进入实验室后按照指定位置就座，并固定使用相应编号的显微镜等实验仪器与工具，不得随意更换。实验室内的设备、仪器、药品和实验材料等，不得带出实验室。

（4）实验前先仔细检查实验器材是否完好，材料是否齐全。若有缺损或在实验过程中出现仪器设备损坏、故障时要及时报告指导老师，请求处理。

（5）爱护国家财产，按要求使用实验室的仪器、设备、用具。严禁故意损毁器具，严禁私自拆卸仪器，实验器材如有损毁及丢失，应及时登记并酌情赔偿。规范实验操作，强化安全意识，严防一切事故的发生。

（6）实验过程中，学生应根据本实验指导书和实验指导教师的指导，严格按照实验操作步骤和仪器操作规范，节约使用各种试剂和耗材。充分利用实验课时间，独立操作，仔细观察，随时做好实验记录。遇到解决不了的问题，应请指导教师帮助。

（7）实验室严禁吃东西、吸烟、随地吐痰和乱扔纸屑、杂物。严禁大声喧哗、打闹，不得在实验室内随意走动。保持实验室安静，维护良好的课堂秩序。

（8）对规定的课堂实验观察内容及实验报告与作业要全部当堂认真完成。综合性设计实验，必须在合理设计预定实验方案的前提下，适时实施，按质按量地完成实验任务。

（9）实验结束后，务必将各种物品、试剂和仪器归位，值日生认真清扫实验台和房间，关水、关灯、关窗，在指导教师允许后方可离开。指导教师检查完电脑等设施后最后离开实验室。

二、光学显微镜的使用

1. 光学显微镜的构造

光学显微镜是生物学研究的重要工具，也是基础生物学实验教学过程中最常用的工具。显微镜的种类很多，有的简单、有的复杂，而且各有专门的用途。但它们的基本结构相同，都是由光学部分和机械部分组成（图 1.1）。

光学部分包括：物镜、目镜、镜筒、聚光器、反光镜或电光源。机械部分包括：镜头转换器、粗聚焦器（用作初步聚焦）、细聚焦器（用作更精确的聚焦）、执手、镜台（也称为载物台，上面装有压片夹）、镜座和倾斜关节。

光学显微镜是利用光学的成像原理，观察生物体结构的。首先光线穿过生物制片（样品），进入到物镜的透镜上，因此所观察的制片都要很薄（一般为 8 ~ 10 μm），光线才能够穿透制片，经过物镜将制片上的结构放大为倒的实像，这一倒的实像经过目镜的放大，映入眼球内最后成为放大的倒的虚像。

物镜决定显微镜像的质量、分辨率和放大倍数，安放在物镜转换器上的有低倍镜（4×，10×）、高倍镜（40×）和油镜（100×）三种。使用低倍镜和高倍镜时，物镜与标本之间的介质是空气，使用油镜时，物镜与标本之间的介质是香柏油。

目镜位于镜筒的上方，其功能是将物镜形成的中间像进一步放大，以便于观察，但不能提高显微镜的分辨率。

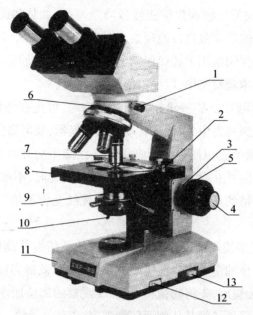

图 1.1　显微镜的结构

1—目镜;2—镜架;3—活动夹;4—微调手轮;5—粗调手轮;6—物镜转换器;7—物镜;8—载物台;9—聚光镜;10—可变光栅;11—底座;12—电源开关;13—亮度调节平推钮

聚光器装在镜台下,将光线聚焦于标本上,增强照明度。光线的强弱可以通过调节聚光器的孔径和聚光器的高低实现。

粗聚焦器和细聚焦器能使镜筒或镜台升降,用于调节物镜与标本之间的距离,以得到最清晰的图像。

2. 光学显微镜的使用

(1)拿取显微镜时应该右手握住镜臂,左手托住镜座,使镜体保持直立。把显微镜放在桌上,桌面要清洁、平稳。一般放在身体的左侧,距离桌边 3～4 cm 处,右侧放记录本。

(2)检查显微镜是否有毛病,镜身机械部分可用干净软布擦拭。透镜要用擦镜纸擦拭,如有胶或油污,可用少量二甲苯清洁。

(3)镜筒升至距载物台 1～2 cm 处,用低倍镜对准通光孔,调节光亮度旋钮至合适的亮度。

(4)将玻片放在载物台上,用弹簧夹将玻片固定,转动平台移动器的旋钮,使要观察的材料对准通光孔中央。

（5）调焦时，先旋转粗调焦旋钮慢慢降低镜筒，并从侧面仔细观察，直到物镜贴近玻片标本，然后双眼自目镜观察，旋转粗调焦旋钮抬升镜筒，直到看清标本的物像时停止，再用细调焦旋钮回调清晰。镜检时应将标本按一定方向移动视野，直至整个标本观察完毕，以便不漏检，不重复。

（6）需要观察制片中某一部分的细微结构时，可先在低倍镜下找到最合适的地方，并将其移到视野中央，然后转动镜头转换器，换用高倍镜观察，如果不太清楚可以转动细调焦旋钮使影像清晰可见。注意不应在高倍镜下调粗调焦旋钮，以免物镜压坏制片并损坏镜头。转动物镜转换器时，不可用手指直接推转物镜，这样容易使物镜的光轴发生偏斜，转换器螺纹受力不均匀而破坏，最后导致转换器报废。

（7）当需要用油镜观察很小的结构时，先用低倍镜及高倍镜将被检物体移至视野中央后，再换油镜观察。油镜观察前，应将显微镜亮度调整至最亮，光圈完全打开。使用油镜时，先将物镜移开，在要观察的部位加一滴香柏油（镜油），然后将油镜放正，降低镜筒并从侧面仔细观察，直到油镜浸入香柏油并贴近玻片标本，然后用目镜观察，并用细调焦旋钮抬升镜筒，直到看清标本的焦段时停止并调节清晰。油镜使用完毕后一定要用擦镜纸蘸取二甲苯擦去香柏油，并再用干的擦镜纸擦去多余的二甲苯。

（8）观察完毕，移去样品，扭转转换器，使镜头"八"字形偏于两旁，调节亮度旋钮，将光亮度调至最暗，再关闭电源按钮，降下镜筒，擦抹干净，并套上镜套。显微镜应放于阴凉干燥处，以免受潮滋生霉菌腐蚀镜片。

三、徒手切片法

用光学显微镜观察的样品必须是透明的薄片，因此待观察的生物材料必须是切得很薄的薄片。在永久制片中，可以采用石蜡或树脂等材料将实验材料包埋后，用切片机切成几个微米的薄片，而要观察新鲜的材料则要制成临时制片。

临时制片包括涂片、压片和徒手切片等。徒手切片法是用手持刀片，将材料切成能在显微镜下观察其内部结构的薄片，是植物形态解剖学实验及研究中最简单和最常用的切片方法，也是最重要的基本技能之一。这种切片方法简便易行，节省时间；而且所需工具简单，只要有一把锋利的剃刀或双面刀片就可以操作，并可以看到组织细胞内的自然结构和天然颜色。但是不易做到将整个切面

切得薄而完整,往往薄厚不一,过软过硬的材料比较难切。切片过程主要注意以下几点:

(1)选择正常、软硬适中的植物器官或组织为材料,直接切成长约 2 ~ 3 cm 的小段,削平切面。所取的新鲜材料应及时放入水中,以免萎蔫。取材的大小,一般直径不超过 5 mm,长度以 15 ~ 25 mm 为宜。

(2)过于柔软或难以直接执握的微小材料,可夹入坚固而易切的夹持物中操作。采用上述方法将夹持物和其中的材料一齐切成薄片,除去夹持物的薄片,便得到材料的薄片。坚硬的材料要经软化处理后再切。

(3)切片时左手保持不动,以右手大臂带动前臂,使刀口自外侧左前方向内侧右后方拉切,同时观察切片的进展情况。注意只用臂力而不要用腕力或指关节的力量,动作要敏捷,材料要一次切下,切忌中途停顿或来回拉割材料,如图1.2所示。

(4)在切片过程中刀口和材料要不断蘸水,以保持刀口锋利和避免材料失水变形。所切的材料和刀片一定要保持水平方向,不要切斜,否则细胞切面偏斜,同样会影响观察。连续切下数片后,用湿毛笔将切片轻轻移入培养皿的清水中备用。

(5)从切片中挑选薄而平的切片做成临时装片供镜检,必要时也可以制成永久装片。挑选切片时,关键是切得平而薄,不要求切得很完整,有时只要有一小部分就可以看清其结构了。一次可多选几片置于载玻片上,制成临时装片,通过镜检再进一步选择理想的材料用以观察。

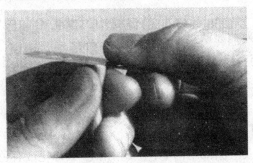

图1.2　徒手切片法

四、生物绘图法

在实验报告和将来的科学研究报告中,都需要一些细胞结构图或轮廓图来表示某些组织或器官的结构,虽然显微摄影已经很普遍,但有时也要衬以简洁的线条图以使所显示的结构更加清晰。因此,有必要掌握正确的绘图方法和技巧。

生物绘图的基本方法和要求如下:

(1)绘图应具有高度的科学性,不得有科学性错误。形态结构要准确,比例要正确,要求真实感。因此,绘图前要认真地观察标本,搞清实物标本的结构特点,切忌抄书或平空想象。

(2)绘图前要根据绘图纸的大小和绘图的数目,确定每一个图的位置及大小。绘图大小要适宜,位置略偏左,右边留着注图。

(3)图面要力求整洁,铅笔要保持尖锐,尽量少用橡皮;绘图的线条要光滑、匀称,用"点点衬阴"法来表示不同部位颜色的深浅和距离的远近。"点点衬阴法"即将图形画出后,用铅笔点出圆点,以表示明暗和深浅,给予立体感。在暗处点要密,明处要疏,但要求点要均匀,点要大小一致。点点要从明处点起,一行行交互着点,物体上的斑纹描出再点点衬阴,点点衬阴法要求不能用涂抹阴影的方法以代替点点。

(4)绘图时不一定要把全部的切面都绘出来,只绘出其中一部分即可,但要清楚地表明各部分结构的比例、大小、排列方式及其可能看到的内部结构。轮廓图要注意各部分结构的比例、大小,区别是不用绘出每一个细胞,只需用一些轮廓把各部分结构在切片中占的比例及不同部位排列的相对位置表示出来即可。

(5)绘图后要对照显微镜下的实物,检查是否有遗漏和错误,然后注明各部分名称。注图线用直尺画出,间隔要均匀,且一般多向右边引出,图注部分接近时可用折线,但注图线之间不能交叉,图注字体用正楷,大小要均匀,不能潦草,要尽量排列整齐。绘图完成后在绘图纸上方要写明实验名称、班级、姓名、时间,在图的下方注明图名及放大倍数。

(6)所有注字及绘图都用铅笔,不要用钢笔、圆珠笔或有色铅笔。

第二章　植物生物学基础实验

实验一　植物细胞的活体染色与基本结构观察

细胞是构成植物体的基本单位和植物生命活动的基本单位。植物体的结构和生命活动是以细胞结构的复杂性及细胞内各细胞器既分工又联系的生命活动为基础的。细胞通过繁殖、生长和分化形成各类组织和器官。

一、目的和要求

(1)了解并掌握植物细胞的基本组成、结构和形态特点。

(2)从胞间连丝的观察中进一步理解组成植物体的细胞彼此之间不论在结构上和生理上都是统一的整体,各种基本的生活过程都是在细胞中进行的。

二、仪器及试剂

显微镜,镊子,解剖刀,解剖针,刀片,盖玻片,载玻片,培养皿,滴管,中性红溶液,碘液,苏丹Ⅲ或Ⅳ,氯锌碘。

三、实验材料

大葱或洋葱,吊竹梅(*Zebrina Pendula Schivzl*)叶,红辣椒果实或胡萝卜根,秋海棠茎、叶,柿胚乳切片。

四、实验内容和方法

植物体所有的器官都是由结构十分复杂的各种细胞组成的,所以植物体任何一部分都可作观察细胞的材料,但用洋葱或大葱鳞叶的表皮细胞来观察是简单而易行的,也是学习装片的最好材料。当然其他材料如番茄与西瓜的果肉也可用作观察细胞构造的材料。

1.植物细胞的基本结构

（1）洋葱鳞叶内表皮细胞临时装片

取大葱或洋葱剥去干鳞叶后，用解剖刀将它切成 3～5 mm² 小块，然后取一片肥厚的肉质鳞叶，用镊子从凹面撕取一块内表皮，剥下的表皮组织呈薄膜状，用剪刀剪成小块，其大小不超过盖玻片的 1/4，迅速置于准备好的载玻片的水滴中，并用解剖针和镊子把它展平，使其没有褶皱和卷曲的边缘，同时加盖玻片。加盖玻片应注意防止产生气泡，如有气泡产生，可用解剖针在盖片上面轻轻压一压，以使气泡消失；如水未充满盖片，则需从旁边加满水；如水过多使盖玻片浮动，应用小滤纸条将水吸掉，至水刚好充满盖片为止。制作洋葱表皮装片过程见图 2.1。

（2）洋葱鳞叶内表皮细胞结构观察

首先在低倍镜下观察细胞的形状及各细胞间的结合状态，然后再换高倍镜，详细观察一个细胞的构造。

在低倍镜下可见大葱或洋葱的表皮是由若干个伸长的一个一个紧密相连的细胞所组成，细胞侧壁很薄，每个细胞有 1 个或 2 个核。为了使细胞各部分区别更明显，可从盖片边缘加一滴碘液，则在高倍镜下观察时，壁被染成黄绿色，果胶质的中层被染成砖红色。细胞的侧壁很薄，当仔细观察时，可以见到有些地方不均匀的加厚形成许多凹陷区域，即为单纹孔。原生质被染成黄色，在高倍镜下细胞质呈细微不透明颗粒状，能流动。细胞质内含有各种细胞器、液泡及各种内含物。核被染成深黄或褐色，细胞核沉浸在细胞质里，1 个或几个，呈球形或圆饼状，位于细胞中央或细胞边缘薄层细胞质中。细胞核具一定结构，与原生质接触有一层膜，为核膜，核内是均质透明的胶体物质，为核质，浓稠。核质内有 1 个或 2 个小球形体，即为核仁，偶尔可见核穿壁运动。

（3）番茄果肉离散细胞结构观察

用镊子挑取红熟的番茄果肉，置于载玻片上事先滴好的清水中，分散均匀，盖上盖片，在低倍镜下观察，可见不规则与圆形的果肉离散细胞，可以清楚地看到每个细胞的细胞壁。在番茄果肉离散细胞中，同样可以观察到细胞质、细胞核和大的液泡，在细胞质中还可见橙红色的颗粒状有色体。

2.质体

细胞内的质体主要有三种，即叶绿体、杂色体（有色体）和白色体（图 2.2）。

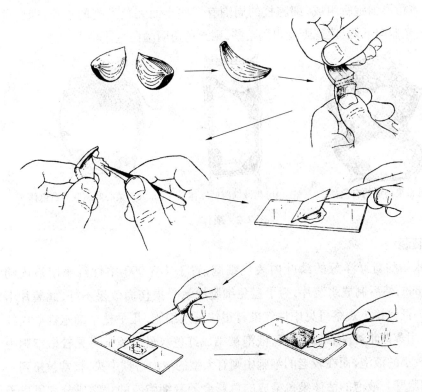

图 2.1　制作洋葱表皮装片过程图解

（1）叶绿体

取秋海棠叶柄做横切片，显微镜下观察，可见叶柄细胞内含有大量绿色质体，即叶绿体，一般为圆形或椭圆形的颗粒，因其含各种色素比例不同，可显深绿色或黄绿色，在不同植物体内，其大小和数目及形状也不一样。也可取实验室现有的植物材料撕去叶表皮，用解剖刀刮取少量叶肉细胞，涂在载玻片上，制成临时装片观察。

（2）杂色体（有色体）

取红辣椒果皮一小块制成装片，先在低倍镜下选定最薄的地方，再换高倍镜，在视野中将会见到细胞壁加厚的细胞，且具有明显的胞间连丝穿过的孔道，在细胞质内有圆的及长柱形的橙红或橙黄色的颗粒沉浸在其中。也可以用有色花瓣的表皮制成临时装片，或用胡萝卜根做徒手切片进行观察。

（3）白色体

在高倍镜下观察吊竹梅叶背面的表皮细胞临时装片，其表皮细胞由六边形或其他多角形细胞所组成,细胞核的周围有一些小而无色发亮的圆粒,即白色体,将集光器向下调,使视野变得稍暗些,则无色透明的白色体将更清楚。

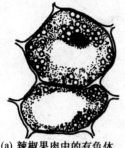  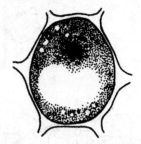

(a) 辣椒果肉中的有色体   (b) 黑藻细胞叶绿体   (c) 大白菜心叶细胞的白色体

图2.2   质体

3. 液泡

取水培的新鲜洋葱的鳞叶内表皮细胞,置于1/3 000中性红水溶液内约10~15 min,然后制成水装片,为了避免细胞缺氧受损伤而效果不好,此装片不加盖片。低倍镜下观察可见中性红染料很快进入细胞,几乎整个细胞都染成红色,然后用蒸馏水冲洗,继续观察,液泡被染成红色。显微镜下可见较嫩细胞中有多数较小的液泡,而在较老的细胞中则有大型的液泡占据中央,核常被挤到一侧,近细胞壁。液泡的活体染色染成的色彩会随着细胞液的化学成分和氢离子浓度而改变,如染碱性细胞为朱红色,酸性细胞为樱红色。

4. 线粒体

线粒体在分生组织中常易观察,分散于细胞质中,呈颗粒状、丝状、棒状或分枝弯曲状,大小为0.5~1.5 μm,可用健那斯绿进行活体染色。取蓖麻根尖或洋葱与大葱表皮细胞,天门冬属(*Asparagus*)茎尖细胞进行观察,用1/2 000健那斯绿水溶液染色数分钟后可见线粒体被染成蓝绿色,可见其振动与移位运动。

5. 胞间连丝和纹孔

取柿胚乳切片或红尖椒装片,先在低倍镜下观察可见大小不等的多边形或不规则形相邻的细胞间有很厚的细胞壁。高倍镜下则可见相邻细胞间有许多原生质丝通过厚的细胞壁相连,这就是胞间连丝(图2.3)。再调动细调节器则在另一焦点上可看到清楚的细胞壁,其上有纹孔(图2.4),原生质丝是通过这种纹孔彼此相联系成一统一的整体,使细胞间的物质运输进一步加强。

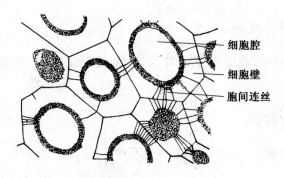

图2.3　胞间连丝

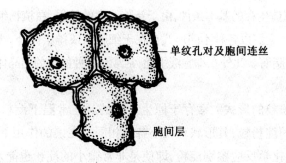

图2.4　红辣椒单纹孔

五、作业和思考题

1.绘洋葱鳞叶内表皮细胞的基本构造图。

2.绘柿胚乳胞间连丝。

3.细胞壁、细胞质、细胞核对碘的不同颜色反应说明了什么?

4.纹孔和胞间连丝对植物体有何意义?

实验二　植物细胞的后含物

一、目的和要求

熟悉细胞在生命活动过程中各种新陈代谢产物的形态结构及特征,掌握其显微化学检验方法。

二、仪器及试剂

显微镜、镊子、载玻片、盖玻片、解剖刀、解剖针、刀片、培养皿、滴管、碘酒、苏丹Ⅲ或苏丹Ⅳ。

三、实验材料

马铃薯块茎、小麦种子纵切片、蓖麻种子、印度橡皮树叶。

四、实验内容和方法

新陈代谢是植体生存的基本条件,由于新陈代谢的结果,在植物细胞内,便形成了各种各样的物质,它们以各种不同形式存在于细胞内或排出体外。贮藏性物质主要有淀粉、蛋白质、脂肪。此外在细胞液里面,常常有各种盐类的结晶体。

1. 淀粉

淀粉是以淀粉粒的形式贮藏存于原生质中的。在常温下淀粉不溶于清水,不同植物细胞内的淀粉粒,其形状和大小各不相同。在碘的作用下,淀粉变成蓝色,可用这一显微化学反应鉴别淀粉,即使是非常微小的淀粉也能发现。

观察淀粉粒的理想材料是马铃薯的块茎。马铃薯块茎的大量薄壁组织中含有丰富的淀粉粒。取马铃薯块茎,用解剖刀切开,从切面上刮取少许混浊的汁液放在载玻片的水滴中,加盖玻片在显微镜下观察,在视野中可以看到不同大小的颗粒,即淀粉粒。

选取淀粉粒分散较好的部分,转换高倍镜仔细观察。此时需缩小光圈,减弱光线,转动细调节器,可以发现淀粉粒呈层状且明与暗交替,称之为轮纹。轮纹的中心是最初形成的淀粉,叫核心(或脐点),它常居于较窄的一端,形成偏心的轮纹,淀粉环绕核心贮积时因有昼夜交替的变化,贮积情况有所不同,造成各层折光率的不同,显出明与暗的轮纹。

如果淀粉只具有一个核心,便称为简单淀粉粒,如有两个或两个以上的核心,便称为复合粒或半复合粒,在半复合粒中除了两个或两个以上的淀粉粒周围的原有层次外,还有它们所具有的共同层(图 2.5)。在马铃薯块茎无数的简单淀粉粒之间很少找到复合粒和半复合粒。

用小块吸水纸自盖玻片一侧将含有淀粉粒的水吸掉一部分,再自另一侧放入碘液一滴,就可见到溶液在盖玻片下逐渐渗透,并且可以看见淀粉逐渐改变它的颜色,从淡蓝到深蓝,最后几乎变成黑色,颜色的变化依碘的量而改变。

(a)单粒淀粉粒　　　　(b)半复合粒淀粉粒　　　　(c)复合粒淀粉粒

图2.5　马铃薯淀粉粒的类型

2. 蛋白质

贮藏蛋白质常贮存于种子中,呈非活性而比较稳定的状态,常以糊粉粒和蛋白质结晶状态存在于细胞中。

(1)蓖麻种子中的糊粉粒

取去掉种皮的蓖麻种子做横切片,移到有纯酒精的表面皿中,更换几次酒精,以去掉其中的脂肪,然后将切片放在载玻片上,加一滴碘-碘化钾,加上盖玻片。高倍镜观察可见许多充满圆形或椭圆形糊粉粒的薄壁细胞,每一糊粉粒有一薄壁,有一个或多个球状体和拟晶体(图2.6(a)),糊粉粒可被碘染成金黄色,证明其具有蛋白质的特性。

(2)小麦种子的糊粉粒

取小麦种子纵切片,在高倍镜下观察。糊粉粒的细胞层分布在种皮下方,是胚乳最外层细胞,它们的形状几乎是立方形,内含很多小的圆粒状蛋白质(图2.6(b))。

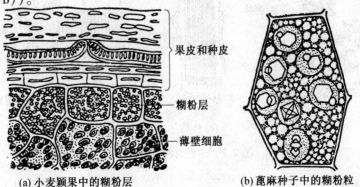

果皮和种皮

糊粉层

薄壁细胞

(a)小麦颖果中的糊粉层　　　　(b)蓖麻种子中的糊粉粒

图2.6　糊粉粒的类型

3. 脂肪

植物的种子和其他的器官中经常贮藏有脂肪。取一粒花生或蓖麻种子,剥去种皮,手拿子叶在载玻片上涂抹,加一滴苏丹Ⅲ或苏丹Ⅳ,过几分钟后,可见油滴被染成橘红色。

4. 细胞腔内的结晶体

（1）草酸钙结晶

草酸钙结晶普遍存在于植物叶片的皮层、髓等薄壁细胞中,有针状、柱状和晶簇状。取洋葱表皮细胞、紫鸭跖草叶下表皮细胞或秋海棠叶柄,制成装片、横切片或纵切片,在显微镜下观察,可以见大的薄壁细胞腔内有斜方六面体形状的单晶体或晶簇（图2.7（a）、（b））。这些晶体可在无机酸中溶解,如切片上加一滴盐酸,则可见到晶体渐渐消失。

（2）碳酸钙结晶

取印度橡皮树叶做徒手横切片,在显微镜下观察,可见表皮里面有若干细胞,比它邻近细胞的体积大,它的一部分细胞壁向细胞腔内引伸成卵圆形或纺锤形,其基部由一个细柄与细胞壁相连;顶端膨大的部分是纤维素和果胶质构成的,其上常附加有大量碳酸钙结晶,细柄上附有硅质。具有这种结构的小体,叫做钟乳体（图2.7（c））。

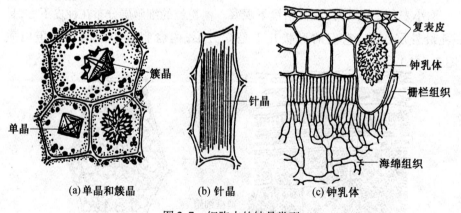

(a) 单晶和簇晶　　　　(b) 针晶　　　　(c) 钟乳体

图2.7　细胞内的结晶类型

五、作业和思考题

1. 绘马铃薯淀粉粒图。

2. 绘晶体的结构。

3. 植物贮存大量后含物有何生理意义？

4. 你怎样找到植物体各器官中存在的淀粉、蛋白质、脂肪？

实验三　植物细胞的有丝分裂

一、目的和要求

认识植物细胞分裂的过程,学习观察植物细胞分裂的基本方法,掌握植物细胞有丝分裂过程各时期的特点。

二、仪器及试剂

显微镜、酒精灯、镊子、解剖刀、载玻片、盖玻片、刀片、培养皿、滴管、烧杯、小瓶、滴管、吸水纸、卡诺固定液、10% 的 HCl、改良碱性品红染色液、45% 冰醋酸。

三、实验材料

培养好的洋葱或大蒜的根尖。

四、实验内容和方法

1. 材料的准备

在一切具有分生能力的植物细胞中都有有丝分裂的发生,其中植物根尖的分生区域最宽,细胞核大,分裂极为旺盛,是观察研究细胞有丝分裂的良好材料。

实验前一周,剪掉洋葱或大蒜的鳞茎盘下面的须根,放在盛有清水的小烧杯中或圆锥瓶口上,使鳞茎盘浸没于水中,经若干天,在鳞茎盘下方长出许多新的不定根。根尖长到 1 cm 左右时就可以使用。

2. 固定

固定是利用化学或物理的方法把细胞迅速杀死,使蛋白质变性并沉淀,并尽量保持各种结构的原有状态。此外,生活的细胞只有经过固定后,才更便于后续的解离和染色等操作。洋葱或大蒜根尖细胞分裂日周期高峰在上午10~11点,夜间 0~1 点,所以最好在此时间固定。用剪刀在离根尖 0.5~1 cm 处剪断,放入卡诺固定液(乙醇：冰醋酸＝3：1)中,经 15 min 到 1 h 即可使用。

3. 解离

固定后的根尖,用纯酒精洗 1～2 次后,放入质量分数为 10% 的盐酸解离液中,解离 7～8 min,使材料软化,便于压碎铺平。

4. 染色

把解离好的根尖,用流水冲洗几分钟。水洗后的根尖放在盛有改良碱性品红染色液的小烧杯中,染色 20～30 min。

5. 制片

截取 1～2 mm 长的染色后的根尖尖端,放在载玻片中间,再加一滴染液染色。加上盖玻片,将略稍大于盖玻片的数层吸水纸放在盖玻片上面,用拇指用力压一下,然后用铅笔轻轻敲击,直至有根尖材料处成为均匀的一薄层为止。

6. 镜检

首先在低倍镜下找到形状较小、核大、细胞质浓厚的生长点和较此种细胞稍长一些的细胞群,然后转换高倍镜,观察正在分裂而又处在各种不同时期的细胞群,在这些细胞中染色体呈紫色,细胞质很少被染色。

对照生物学教科书上图示及照片(图 2.8),找出分裂期各期的细胞。

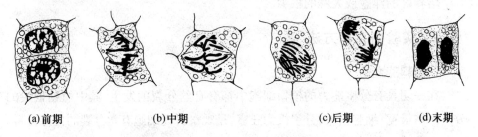

(a)前期　　　(b)中期　　　　(c)后期　　　(d)末期

图 2.8　有丝分裂各时期图解

五、作业和思考题

1. 绘细胞有丝分裂各时期简图。

2. 细胞分裂与植物生长有何关系?

3. 洋葱或大蒜根尖哪一部分细胞分裂最旺盛?

4. 有丝分裂各时期的识别特征是什么?

实验四 植物各种组织的制备与观察

一、目的和要求

植物细胞通过繁殖、生长和分化产生形态结构上的差异并形成各类组织，又由于生理活动的分工而出现了各类器官。通过本实验了解植物组织分类的一般原理，并能在显微镜下独立辨认出分生组织、保护组织、基本组织、输导组织、机械组织、分泌组织，并掌握各种组织与其机能相适应的形态构造。

二、仪器及试剂

显微镜、镊子、解剖针、载玻片、盖玻片，甘油、间苯三酚、苏丹Ⅲ、10%酒精、铬酸-硝酸离析液。

三、实验材料

洋葱根尖纵切片，椴树茎横切片，睡莲叶柄横切片，印度橡皮树叶，天竺葵叶，马铃薯块茎，松茎离析材料，南瓜茎纵、横切片，植物幼根纵、横切片，芹菜叶柄，柑橘果皮，芦荟叶或仙人掌茎。

四、实验内容和方法

1. 分生组织

高等植物的生长与动物不同，它在整个生命活动过程中，自幼至老不断地形成新细胞，从而增大体积，这种具有分裂机能的细胞所形成的组织叫分生组织，依其来源和性质，可分为原分生组织、初生分生组织、次生分生组织。

（1）原分生组织

原分生组织位于根尖和茎尖的生长点的最前端，由少数原始细胞组成。它的细胞处于最幼嫩状态，相互之间无胞间隙。取洋葱根尖纵切片，在低倍镜下先找出根尖生长点(图2.9)，并把它对准视野正中心，再转换高倍镜观察，会发现细胞壁薄，质浓厚，核大呈球形，占据细胞中央，无液泡或只具小液泡，它能较长期的保持潜在的分生能力，细胞很少有分裂。

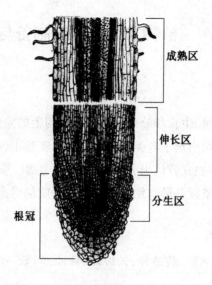

图 2.9　根尖分区

（2）初生分生组织

初生分生组织位于根尖和茎尖，紧邻原分生组织，它是由原分生组织所衍生的细胞形成的，一方面细胞仍能分裂，一方面开始分化。由于形态和机能上的初步分化，形成了表皮原、皮层原（基本分生组织）、中柱原（原形成层）。注意观察洋葱根尖纵切片中这些细胞的不同形态构造特点，比较与原分生组织细胞的异同。

（3）次生分生组织

次生分生组织是由已成熟的薄壁组织细胞又恢复了分裂能力而转化成的。维管形成层和木栓形成层就是次生分生组织。这些细胞具有浓密粒状的细胞质，薄的细胞壁，细胞间紧密相连，呈扁长方体或扁正方体形，木栓形成层向外方分裂产生木栓层细胞，其细胞壁逐渐增厚，充满木栓质，向内分裂产生栓内层细胞。

显微镜下自外向内观察椴树茎横切片（图2.10）。其最外一层为表皮，表皮细胞里面为几层矩形的木栓细胞，其内则为大型栓内层薄壁细胞。

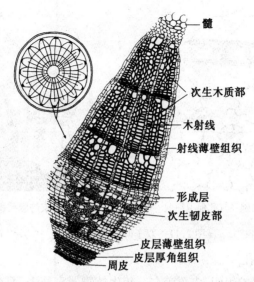

图 2.10　椴树茎横切片

标注（由上至下）：髓；次生木质部；木射线；射线薄壁组织；形成层；次生韧皮部；皮层薄壁组织；皮层厚角组织；周皮

2. 保护组织

（1）表皮及角质层

表皮细胞内通常没有叶绿体，具有纤维素的细胞壁、原生质、核、液泡、质体等。取印度橡皮树叶做徒手横切片，置于显微镜下观察，注意表皮细胞为 1～2 层生活细胞所组成的，其切面呈长方形。在此横切片上加一滴苏丹Ⅲ 染液，微热，然后用 10% 的酒精洗涤，可见到表皮细胞的外壁上有一层粉红色的角质层，它是表皮的一种附属物，其作用是阻滞水分蒸发。

（2）气孔及毛

撕取天竺葵叶下表皮，制成临时装片，在显微镜下观察，可见表皮细胞彼此紧密结合，没有细胞间隙，边缘轮廓曲折，彼此间结合紧密。在表皮细胞之间可以发现一些形态构造显然与表皮细胞不同的肾形保卫细胞，成对分散在表皮细胞之间，内含叶绿体，它们以凹形面彼此相向，因此细胞之间形成裂缝，此小孔称为气孔，植物通过气孔进行气体交换和水分蒸腾。保卫细胞不仅形成气孔，并因其结构的特点还能控制气孔的开闭。保卫细胞弓形的一面，即和表皮细胞相连的一面细胞壁比其余各方细胞壁厚，这种结构适于其控制气孔运动（图 2.11（a））。

除气孔外，表皮的表面还有表皮细胞的突起物——单细胞与多细胞的表皮毛与腺毛。观察天竺葵叶下表皮临时装片，区分不同形态的表皮毛（图 2.11（b））。

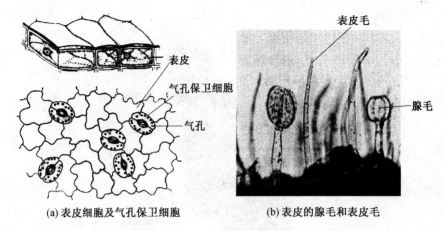

(a) 表皮细胞及气孔保卫细胞　　(b) 表皮的腺毛和表皮毛

图 2.11　双子叶植物叶的结构

(3)周皮及皮孔

表皮为初生保护组织,多覆盖在一年生植物器官外表,而在多年生植物的器官(茎、根上)则由周皮代替。木栓形成后内外隔绝,气体交换就由皮孔来完成。皮孔多半产生在原来气孔或气孔群的部位,这些部位的木栓形成层不产生正常的木栓,而形成一群球形、排列松散、胞间隙发达的补充细胞,由于补充细胞数目的增加,将表皮和木栓胀破裂成唇形突起,显出圆形或椭圆形的轮廓(图2.12)。

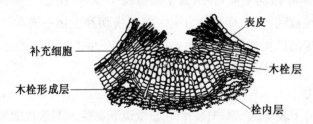

图 2.12　周皮的组成

取椴树茎横切片观察皮孔,并注意观察周皮的组成(木栓层、木栓形成层及栓内层)。

3. 薄壁组织

薄壁组织在植物体中占有最大体积,从整个植物体的结构来说,除外表的保护组织外,内部主要是薄壁组织,而输导组织、机械组织等贯穿于薄壁组织中。

薄壁组织的细胞壁都很薄,它们的形状以圆形和多面体最为常见,细胞壁略微加厚和纤维化,只有木质部的薄壁组织和髓射线的细胞才木质化,基本组织细胞有很多细胞间隙。有时这些细胞间隙能转变成气道(水生和沼生植物的特殊通气组织),胞间隙的功用是通气,这是细胞进行气体交换所必需的。

按薄壁组织的机能可分为各种类型:同化组织、贮藏组织、储水组织、通气组织。

(1)同化组织

同化组织是由含叶绿体的细胞组成的,细胞壁很薄,分布在茎和叶里。在印度橡皮树叶的横切片中可以看到,具叶绿体的同化组织是由不同形态的细胞组成的。栅栏组织细胞为圆柱形,纵行并行排列,胞间隙狭窄,海绵组织细胞由圆形或不整齐的柱形细胞组成,胞间隙很大。

(2)贮藏组织

在根、茎、块茎、果实、种子的薄壁细胞中累积和贮藏大量的营养物质,称之为贮藏组织。贮藏物可溶解在液泡中,如甘蔗、甜菜所贮存的蔗糖及洋葱、大葱鳞叶中所贮存的葡萄糖。贮藏物也可存在于细胞质中,如蓖麻种子中的油滴,小麦种子糊粉层中的糊粉粒,马铃薯块茎细胞中的淀粉粒。贮藏物质还可构成细胞壁加厚部分,在需要时,细胞壁逐步水解,变成能溶解的营养物质运输到其他需要的部分,如柿子胚乳的贮藏组织就是这样的厚壁组胞组成的。

(3)储水组织

在多浆植物,如景天属植物、仙人掌、龙舌兰等植物中水分积聚于富有大液泡的大形薄壁细胞组成的储水组织中。取芦荟叶做徒手切片在显微镜下观察大形薄壁细胞组成的储水组织。

(4)通气组织

取水生植物睡莲叶柄横切片,观察可见形成的气道。

4.输导组织

输导组织执行着植物体内运输物质的机能,一是土壤中的水分及溶解在其中的无机盐类自根入植物体内后再上升到叶,由木质部完成;二是有机营养物质自叶被运到其他部分,由韧皮部来完成。

(1)木质部

木质部基本上是由管状细胞构成的,每个管状分子都具有木质化的各种各样加厚的次生壁,其中没有原生质体,都是死细胞。木质部执行输导机能的有管胞和导管。

①管胞。取松茎离析材料在显微镜下观察管胞的形态构造。松茎采用 Franklin 法离析,离析液由冰醋酸和 6% 过氧化氢(H_2O_2)1:1 混合而成。将松茎劈成 1~2 mm 长短与粗细,放于小瓶中,加入约 20 倍于材料的离析液,将口密封后放于 60 ℃ 温箱中约 48 h,然后用流水冲洗去酸,再经叩解,再水洗后即可使用。如若保存可经 30% 酒精至 50% 酒精脱水,最后于 75% 酒精中保存,水洗后的材料可用 1% 番红染色 10 h 或过夜效果更佳。

用解剖针挑取少许离析好的松茎做成压片在显微镜下观察,可见管胞为无内含物、沿茎的中轴强烈伸长、两端尖锐的梭形细胞。管胞初生壁是完整的(除了在纹孔处的小孔),次生壁相当厚,木质化,具有很多的具缘纹孔。松的具缘纹孔只分布在管胞的径间壁上,即在和茎的半径平行的壁上。

②导管。在植物茎纵切面上可见许多长形分节且节间横隔壁消失的上下贯通的管状死细胞,即导管,在横切面上则为中空的圆形细胞(图 2.13(b))。

导管侧壁的次生加厚有不同的类型,依据加厚的木质花纹,导管可分为环纹、螺纹、网纹、梯纹、孔纹导管。取南瓜茎纵切片可观察到不同类型花纹的导管(图 2.13(c))。注意它们的管径大小及花纹加厚的形态特点。

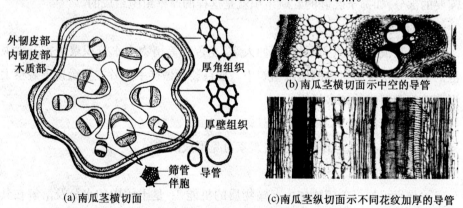

外韧皮部
内韧皮部
木质部
厚角组织
厚壁组织
筛管
伴胞
导管

(a)南瓜茎横切面

(b)南瓜茎横切面示中空的导管

(c)南瓜茎纵切面示不同花纹加厚的导管

图 2.13　南瓜茎纵、横切片

(2)韧皮部

韧皮部由 3 种类型的细胞组成,即筛管、伴胞和韧皮薄壁细胞,有的含有韧皮纤维。

韧皮部的输导成分是筛管,它是由许多长形的筛管细胞上下沟通而成的,每个筛管细胞核消失,但保留有原生质,因此它是细胞壁没有木质化的活细胞,筛管的横壁有许多大的穿孔通过,因而形成了筛板。在纵、横切面上都可以看到在筛板上有许多筛孔。伴胞紧紧靠近筛管,是有浓厚的原生质及核的窄小的细胞,与筛管分子来源于同一个母细胞。取南瓜茎纵、横切片,在显微镜下观察筛管的构造,注意两个筛管细胞所形成的筛板及其上的筛孔。

5.机械组织

（1）厚角组织

厚角组织能够增强植物体的韧性和弹性,它们的细胞是长形的,但其细胞壁未木质化且加厚不均匀,细胞内含原生质体。因此,厚角组织是由活细胞组成的。

取芹菜叶柄做徒手横切片,加一滴氯锌碘染色,显微镜下可见表皮下有三、四层细胞被染成蓝紫色,其细胞壁在角部(纤维素化而未木质化)特别加厚,即厚角组织(图2.14(a)、(b))。

（2）厚壁组织

厚壁组织能够增强植物体的坚固性及硬度,细胞长;细胞壁极度增厚,通常木质化,细胞腔很小,其中无原生质体,是死细胞。

①纤维是厚壁机械组织的一种,细胞窄长,两端尖锐呈纺锤形。可将亚麻或大麻的外皮用铬酸-硝酸法离析,经分离的材料制成装片,进行观察。镜检注意其细胞形状,及加厚成层的细胞壁,以及壁上裂隙状的纹孔,细胞腔非常窄小,内有少量内含物的残余。从南瓜茎的纵横切片中也可观察到厚壁组织的存在(图2.14(c))。

 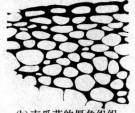 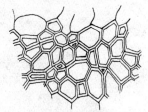

(a)芹菜叶柄的厚角组织　　　(b)南瓜茎的厚角组织　　　(c)南瓜茎的厚壁组织

图2.14　厚角组织和厚壁组织

②石细胞是厚壁机械组织的另一种形式,石细胞具有薄壁细胞的外形,但其壁却极度加厚且高度木质化,其细胞腔内无原生质体,故也为死细胞。

　　取梨果肉中粗糙的小颗粒少许放于载玻片上,用解剖刀柄将其压碎,使细胞分开,材料不加水,先用一滴盐酸浸透,经 1～2 min 后再加一滴间苯三酚,加上盖玻片,并务必用滤纸吸去多余的盐酸,在盖玻片周围和上面一定不要沾有盐酸,以防损坏物镜。因其细胞壁是木质化的,被染成樱红或紫色,这是木质化的细胞壁所具有的显微镜化学反应。显微镜下注意其极厚的细胞壁,窄小的细胞腔,引伸并分枝成管道状的纹孔(图 2.15)。

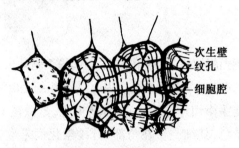

次生壁
纹孔
细胞腔

图 2.15　梨果肉石细胞

6. 分泌组织

　　分泌组织细胞是活的细胞,具纤维素化的细胞壁,它们能分泌和堆积各种分泌物,如精油、蜜液、树脂、树胶、黏液、晶体等。

　　取松茎横切片显微镜下观察可见较大的圆形孔隙,即树脂道。

　　取柑橘果皮做徒手横切片在显微镜下观察,可见到溶生分泌腔(图 2.16),含有芳香油,在溶生腔周围可看到部分损坏的细胞于腔的周围。

图 2.16　橘果皮横切

五、作业和思考题

1.绘根尖略图。

2.绘管胞及各种导管类型图。

3.绘部分厚角组织细胞图。

4.绘石细胞放大图。

5.原分生组织、初生分生组织、次生分生组织在来源、性质上有何区别?

6.通过本实验总结保护组织的特点?

7.在叶横切片内,栅栏组织和海绵组织有何区别?哪一种叶绿体较多?为什么?

8.举例说明细胞内贮藏物质的各种方式。

实验五 叶绿体色素的提取、分离、性质和含量测定

一、实验原理和目的要求

1.叶绿体色素的提取

植物叶绿体色素有3类:

(1)叶绿素,主要包括叶绿素 a 和叶绿素 b;

(2)类胡萝卜素,包括胡萝卜素和叶黄素;

(3)藻胆素。高等植物的叶绿体色素则主要由叶绿 a、叶绿素 b、胡萝卜素和叶黄素组成。色素在叶绿体中以色素-脂类-蛋白质结合成复合体的状态而存在,它们是脂溶性的,不溶于水,而溶于丙酮、乙醇、石油醚、乙醚等有机溶剂(藻胆素恰相反),因此可以用这些有机溶剂将色素从植物体中提取出来。但为了提取彻底,必须用一定量的水去水解破坏蛋白质与色素的结合。因而提取叶绿体色素通常用含有一定水的有机溶剂,这对于从干粉中提取叶绿体色素尤为重要。

本实验以95%酒精作为提取溶剂。研磨时要加入少量碳酸钙,以中和细胞中的酸和防止镁从叶绿素的中心移出。

2. 叶绿体色素的分离

色素分离方法有多种,纸层析是最简单的一种。当溶剂不断地从纸上流过时,由于混合物中各成分在两相(即流动相和固定相)间具有不同的分配系数,所以它们的移动速度不同,因而使样品混合物分离。叶绿体色素主要由叶绿素 a、叶绿素 b、叶黄素和胡萝卜素组成,它们在滤纸上的移动速度不同,由快到慢的顺序是:胡萝卜素(橙黄色)、叶黄素(金黄色)、叶绿素 a(蓝绿色)、叶绿素 b(黄绿色)。

3. 叶绿体色素的光学和化学性质

叶绿体色素由于其特殊的分子结构,有着不同的光学和化学性质,如荧光现象、磷光现象、吸收光能等,了解它们有助于对其生理功能的了解。

4. 叶绿素含量的测定

叶绿素提取液中同时含有叶绿素类和类胡萝卜素类,利用分光光度计在某一特定波长下测定其吸光度,即可用公式计算出提取液中各种色素的含量。

叶绿素 a 和叶绿素 b 的吸收光谱虽有不同,但又存在着明显的重叠,在不分离叶绿素 a 和叶绿素 b 的情况下同时测定叶绿素 a 和叶绿素 b 的浓度,可分别测定在 663 nm 和 645 nm(分别是叶绿素 a 和叶绿素 b 在红光区的吸收峰)的光吸收,然后根据 Lambert-Beer 定律计算出提取液中叶绿素 a 和叶绿素 b 的浓度。

$$A_{663} = 82.04c_a + 9.27c_b$$

$$A_{645} = 16.75c_a + 45.60c_b$$

式中　　c_a——叶绿素 a 的浓度,g/L;

　　　　c_b——叶绿素 b 的浓度,g/L;

　　　　82.04 和 9.27——分别为叶绿素 a 和叶绿素 b 在 663 nm 下的比吸光系数(质量浓度为 1 g/L、光路宽度为 1 cm 时的吸光度值);

　　　　16.75 和 45.60——分别为叶绿素 a 和叶绿素 b 在 645 nm 下的比吸光系数。

即混合液在某一波长下的光吸收等于各组分在此波长下的光吸收之和。

将上式整理,可以得到下式

$$c_a(g/L) = 0.012\ 7A_{663} - 0.002\ 69A_{645}$$

$$c_b(g/L) = 0.022\,9A_{645} - 0.004\,68A_{663}$$

将叶绿素的浓度单位改为 mg/L,则上式变为

$$c_a'(mg/L) = 12.7A_{663} - 2.69A_{645}$$

$$c_b'(mg/L) = 22.9A_{645} - 4.68A_{663}$$

$$c_t' = c_a' + c_b' = 8.02A_{663} + 20.21A_{645}$$

式中　c_t——叶绿素的总浓度。

二、仪器及试剂

研钵,剪刀,漏斗,容量瓶,滤纸,台式天平,95% 乙醇,80% 丙酮,碳酸钙,石英砂,大培养皿,表面皿,镊子,吹风机,四氯化碳和无水硫酸钠,试管,试管夹,酒精灯,浓盐酸,醋酸铜,分光光度计,比色杯。

三、实验材料

菠菜叶片。

四、实验内容和方法

1. 叶绿体色素的提取

整个提取过程要尽量在弱光和较低温度下进行,提取液要在暗处保存备用,以防止叶绿体色素的破坏。

(1)取新鲜干净的菠菜叶片,用剪刀剪碎,混合均匀。

(2)称取菠菜叶片 5 g,用剪刀剪碎置于研钵中,加少量石英砂、碳酸钙、95% 乙醇研磨至匀浆状为止。

(3)取 25 mL 容量瓶一个,放在漏斗架下,取一个漏斗吊入容量瓶中,漏斗中放入适当大小的滤纸。先用少量酒精润洗,再将研好的色素酒精溶液沿玻璃棒倒入漏斗中,然后用滴管吸酒精多次冲洗,使研钵及滤纸上不带绿色为止。最后定容至刻度。

(4)此酒精提取液留待叶绿体色素的分离和含量的测定及光学、化学性质的观察使用(暗处保存)。

2. 叶绿体色素的分离

本实验采用圆形滤纸法(灯芯法):

（1）剪取长约 4 cm，宽约 2 cm 的滤纸条，用镊子夹住滤纸条浸于提取液中，然后取出吹干。反复 3~4 次，纸条染色较深后吹干卷成灯芯，要尽量卷得紧凑。

（2）取一张圆形分析滤纸，在纸中心钻一个孔（略细于灯芯），将灯芯插入小孔中。灯芯与圆形滤纸的接触要紧，并与纸面垂直。

（3）将灯芯下端插入培养皿中盛有四氯化碳和少量无水硫酸钠的表面皿内，盖上培养皿，几分钟后，圆形滤纸将出现色环，待四种色素分离较清楚时，取出吹干。

3. 叶绿体色素的性质

（1）荧光现象

将叶绿体色素装于试管中，分别正对光源和背对光源，观察叶绿体色素提取液的透射光颜色和反射光颜色。叶绿体色素提取液反射光的颜色即为叶绿素产生的荧光颜色。

（2）光对叶绿素的破坏作用

取提取液分装在两支试管中，一支试管置于暗处（可用黑纸包裹），另一支试管置于强光下，经 2~3 h 后，观察两支试管中溶液的颜色有何不同，解释这种现象。

（3）铜在叶绿素分子中的替代作用

将提取液装入试管中，一滴一滴加入浓盐酸，直至溶液变为褐绿色，此时叶绿素分子已遭破坏，形成去镁叶绿素。加醋酸铜晶体一小块，渐渐加热溶液，则产生鲜亮的绿色，表明铜已在叶绿素分子中替代了镁的位置。

4. 叶绿体色素含量的测定

（1）提取叶绿素

取菠菜叶片数张，用天平称取样品 0.5 g，用剪刀剪碎后置于研钵中，加少量石英砂、碳酸钙、80% 丙酮研磨至匀浆状。取 10 mL 容量瓶一个，放在漏斗架下，取一个漏斗吊入容量瓶中，漏斗中放入适当大小的滤纸。先用少量丙酮润洗，再将研好的色素丙酮溶液沿玻璃棒倒入漏斗中，然后用滴管吸丙酮多次冲洗，使研钵及滤纸上不带绿色为止。最后定容至刻度。也可以利用前面实验提取到的叶绿素溶液，如果浓度过高要适当稀释。

（2）测吸光度

取比色皿 2 只，一只为对照比色皿，其中加入 3 mL 80% 丙酮溶液（如果提

取液为95%乙醇,则应加入95%乙醇溶液)作为对照,另一比色皿中加入3 mL
叶绿素提取液,在分光光度计上测定提取液在663 nm和645 nm下的吸光度。

（3）结果和分析

将测得的数值代入到公式中,计算出叶绿素a、叶绿素b和总叶绿素的含量。

五、作业和思考题

1. 为什么用含有一定水的有机溶剂提取叶绿体色素?

2. 研磨时加入少量碳酸钙和石英砂的作用是什么?

3. 研磨时为什么要在弱光的条件下进行?

4. 灯芯法是依据什么原理将四种色素分开的? 从内到外依次排列的各是什么色素? 呈什么颜色?

5. 根据铜在叶绿素分子中的替代作用,对制作绿色植物标本有何指导意义?

6. 计算叶绿素a与叶绿素b含量的比值,可以得到什么结论?

实验六　叶绿体的提取和还原活性的测定

一、实验原理和目的要求

为了减少渗透压对叶绿体的伤害,分离叶绿体应在等渗溶液（0.35 mol/L NaCl和0.01 mol/L Tris缓冲液）中制备。仔细研磨后离心取得叶绿体的悬浮液,整个过程应在0~5 ℃下进行,所有提取物、溶液和材料也应保存在该温度下,分离后活性测定工作应尽快进行。

分离的叶绿体能使染料2,6-二氯靛酚进行需光还原作用,使染料从蓝紫色变成粉红色至无色,这种变化在4~5 min内呈线性关系。

二、仪器及试剂

离心机,研钵,试管,容量瓶,量筒,纱布（或脱脂棉）,移液管（0.1 mL、0.5 mL、2 mL）,量筒（10 mL）,天平,150 W白炽灯,分光光度计。

0.35 mol/L氯化钠,0.035 mol/L氯化钠,0.01 mol/L Tris-HCl（pH 7.8）,石英砂,0.3 mmol/L 2,6-二氯靛酚,0.1 mol/L磷酸缓冲液（pH 7.3）。

三、实验材料

菠菜或豌豆叶片。

四、实验内容和方法

(1)选取健康的菠菜叶子,洗净,擦干,去柄及粗脉,称 10 g 鲜重置于研钵中。

(2)再向研钵中加入 20 mL 0.35 mol/L 的氯化钠,2 mL 0.01 mol/L 的 Tris 缓冲液及少量石英砂,在冰浴中研磨。

(3)研磨成匀浆后,四层纱布(或脱脂棉)过滤。

(4)滤液以 1 000 rad/min 的转速离心 2 min,弃沉淀,将上清液等分为两份。

(5)上清液以 3 000 rad/min 的转速离心 5 min,弃上清液,沉淀即是叶绿体。

(6)将两份沉淀分别用 0.35 mol/L NaCl 溶液和 0.035 mol/L NaCl 溶液各 10 mL 悬浮,使叶绿体分别处于等渗溶液和低渗溶液中,以获得完整叶绿体和破损叶绿体。

(7)按表 2.1 向各个试管中加入药品,2,6-二氯靛酚应在实验前加入。

表 2.1

	管号	0.1 mol/L 磷酸缓冲液（pH 7.3)/mL	叶绿体悬浮液/mL	煮沸时间	0.3 mmol/L 2,6-二氯靛酚/mL	光密度				
						1	2	3	4	5/min
完整叶绿体	1	9.4	0.1		0.5 mL					
	2	9.4	0.1	5 min	0.5 mL					
	3	9.9	0.1							
破碎叶绿体	1	9.4	0.1		0.5 mL					
	2	9.4	0.1	5 min	0.5 mL					
	3	9.9	0.1							

(8)将各管倒入对应的比色杯中,以 3 号管调零点,620 nm 波长下立即测光密度。然后将比色杯置于离 150 W 灯光约 60 cm 处光照,每隔 1 min 快速记下光密度的变化,连续进行 5、6 次读数,严格控制光照时间,在暗室或夜间进行照光比色更好。

五、作业和思考题

试比较完整叶绿体和破碎叶绿体所得结果有何不同,经煮沸过的叶绿体对染料的还原作用有何变化?

实验七 氧电极法测定植物的光合速率

一、实验原理和目的要求

极谱氧电极(Clark 电极)法是常用的检测悬浮液中溶氧量及其变化过程的技术,适用于叶片组织、离体细胞器、原生质体或细胞、微生物乃至浮游生物等光合作用和呼吸作用以及某些酶促反应中氧量变化的测定。测定装置中的电极由铂阴极和银阳极构成,电极槽内充满饱和 KCl 溶液,其外覆盖聚四氟乙烯或聚乙烯薄膜以隔离被测溶液。当两极间加上约 0.7 V 的极化电压时透过薄膜的被测溶液中的溶氧在阴极上还原,极间产生正比于氧浓度的扩散电流,经控制器输出信号。当待测材料处于光照射下,由氧的增加速度求其光合速率。

本实验要求学生在掌握氧电极的正确使用方法的基础上,以植物叶片组织为材料,测定光合放氧量,求算植物叶片组织的光合速率。

二、仪器及试剂

溶氧仪,反应杯,恒温水浴,磁力搅拌器,注射器,刀片,光源。

三、实验材料

新鲜的菠菜叶片。

四、实验内容和方法

1. 材料的准备

取菠菜等植物的功能叶片,切取 1 cm² 大小的叶片数块,放在 20 mL 的注射器中加水抽气,使叶肉细胞间隙的空气排除。然后取出一块再切成 1 mm×1 mm 的小块。

2. 光合速率的测定

用蒸馏水洗净反应杯,加入 3 mL 水,将总面积为 1 cm² 大小的叶小块移入反应杯,将电极插入反应杯中,注意电极下面不得有气泡,开启电磁搅拌器和恒温水浴,经 3～4 min 温度达平衡,记录起始数值。打开光源灯,照光 3～5 min 后,记录一次数值。以上过程重复三次。

3. 结果计算

$$光合速率 = \frac{释放氧的量}{叶面积 \times 时间}$$

4. 不同植物光合速率的比较

利用氧电极法测定藻类、C_3 植物、C_4 植物的光合速率,并进行比较。

五、作业和思考题

用氧电极测定光合速率时,为何必须不断搅拌溶液? 如果停止搅拌将会出现怎样的现象? 如果搅拌速度不均匀将出现什么情况?

实验八　微量定积检压法测定植物的呼吸强度

一、实验原理和目的要求

微量检压技术是在定温定积的密闭系统中利用气体压力的变化定量测定生物材料或某些化学反应中微量的气体交换,因此广泛用于生活细胞或微生物的呼吸、氧化还原、发酵和代谢、酶的活力以及植物材料的光合作用等。

在呼吸过程中,吸收 O_2 和释放 CO_2 是同时进行的,所以压力计上所观察到的压力变化是 O_2 吸收量和 CO_2 释放量的结果。当在反应瓶中央小井中加入碱(KOH 或 NaOH),则呼吸所放出的 CO_2 被碱所吸收,因此可由压力的变化测出 O_2 的吸收量,根据材料的量和反应时间算出其呼吸强度。但反应瓶中压力的变化还受环境大气压和水浴温度变化的影响,所以在实验时必须有一支压力计(空白对照),以校正环境条件变化所引起的误差。

O_2 吸收和 CO_2 释放的总量可以按照气体定律求得。实验开始时,气相及液相中的气体总量(体积)应为

$$\underbrace{V_{\mathrm{g}}\frac{273}{T}\times\frac{(P-R)}{P_0}}_{\text{气相}}+\underbrace{V_{\mathrm{t}}\cdot\alpha\cdot\frac{(P-R)}{P_0}}_{\text{液相}}$$

当实验结束时,气体体积变化量为 x,结果引起系统中压力变化 h,如果气体被吸收,则 h 为负,如气体释放,则 h 为正。现假定气体被吸收,则实验结束时压力应为 $(P-R-h)$,因而此时气体总量为

$$\underbrace{V_{\mathrm{g}}\frac{273}{T}\times\frac{(P-R-h)}{P_0}}_{\text{气相}}+\underbrace{V_{\mathrm{t}}\cdot\alpha\cdot\frac{(P-R-h)}{P_0}}_{\text{液相}}$$

所以

$$x=\left[V_{\mathrm{g}}\cdot\frac{273}{T}\times\frac{(P-R)}{P_0}+V_{\mathrm{t}}\cdot\alpha\cdot\frac{(P-R)}{P_0}\right]-\left[V_{\mathrm{g}}\frac{273}{T}\times\frac{(P-R-h)}{P_0}+V_{\mathrm{t}}\cdot\alpha\cdot\frac{(P-R-h)}{P_0}\right]=$$

$$V_{\mathrm{g}}\cdot\frac{273}{T}\times\frac{h}{P_0}+V_{\mathrm{t}}\cdot\alpha\cdot\frac{h}{P_0}=\left[\frac{V_{\mathrm{g}}\cdot\frac{273}{T}+V_{\mathrm{t}}\cdot\alpha}{P_0}\right]\times h=h\times K$$

式中　　K——反应瓶常数,代表压力计上每变化 1 mm 时,反应系统中气体的变化量,根据气体定律,我们就可以计算出 K 值的大小。K 值与 V_{g}、V_{t} 以及 T 有关,所以每一反应瓶的 K 不同,即使同一反应瓶,实验条件不同(如温度,材料用量等),其 K 值也不同,这是应该注意的。

h——压力计读数,mm;

V_{g}——反应瓶中气体体积(包括压力计的连接测管至 150 mm 处),由反应瓶总体积算得,μL;

V_{t}——反应瓶中液体体积,μL;

P——开始时反应瓶中某待测气体的分压力;

R——温度 T 时的水蒸气压力;

P_0——标准压力,即 101 325 Pa(如以 Brodie 溶液表示,则 P_0 = 10 000 mm Brodie 液柱高);

T——水槽的温度,以绝对温度表示;

α——待测气体溶解度(压力为 101 325 Pa,温度为 T 时)。

二、仪器及试剂

国产 SKW-2 型微量呼吸计,Brodie 溶液,20% NaOH,天平,量筒。

三、实验材料

小麦或水稻干种子和萌发种子。

四、实验内容和方法

(1)打开仪器电源,启动温控器,调节水浴温度至 25 ℃恒温。

(2)连接压力计与贮液囊,注入 Brodie 溶液,装好反应瓶,活塞上涂凡士林,检查气密性。

(3)反应瓶中央小井加 0.2 mL 20% NaOH,加一滤纸扩大吸收面积。

(4)反应瓶中加入样品(小麦或水稻干种子和萌发种子各 20 粒)。

(5)一个反应瓶中不加样品,作为稳压计(空白对照)。

(6)反应瓶放入水浴中,检查气密性,将三通活塞打开,保持 15 min 以上。

(7)将压力计右侧液面调至 150 mm,记录左侧液面高度。

(8)关闭三通阀,反应 30 min 后,将右臂液面调至 150 mm,记录左侧液面值。

(9)结果计算。排水法测种子体积,天平称种子质量。

$$X = h \times K$$

式中　X——耗氧量;

　　　H——压力变化值;

$$K = (273\, V_g / T + V_f \times \alpha) / P_0$$

式中　K——呼吸强度,以每小时每克鲜重好氧量表示;

　　　V_g——反应瓶中气体体积,mL;

　　　T——水浴绝对温度 (273+t);

　　　V_f——反应瓶中液相体积;

　　　α——反应瓶中液相中的气体溶解度(1 个大气压,温度为 T)0.028 31;

　　　P_0——10 000 mm 汞柱。

五、作业和思考题

比较不同萌发状态的小麦种子的呼吸速率,什么时期的呼吸速率高,为什么?

实验九 植物组织水势的测定(小叶流法)

一、实验原理和目的要求

水势表示水分的化学势,水分从水势高处流向水势低处。植物体细胞之间、组织之间以及植物与环境间的水分移动方向都是由水势决定的。

当植物细胞或组织放在溶液中时,如果植物的水势大于溶液渗透势,则植物细胞内的水分子向外流出而使溶液浓度变小,反之,则组织吸水使溶液浓度变大;若植物的水势与溶液的渗透势相等,则二者水分保持动态平衡,所以外部溶液浓度不变,此溶液的渗透势等于所测植物的水势。可以利用溶液浓度的不同其比重不同的原理来测定实验前后溶液浓度的变化,然后根据公式计算其渗透势。

二、仪器及试剂

吸管,移液管,试管(16 只),玻璃棒,刀片,打孔器,镊子,解剖针,1 mol/L 蔗糖溶液,次甲基蓝。

三、实验材料

马铃薯块茎或菠菜叶,鸭趾草叶等。

四、实验内容和方法

(1)配制 0.1 mol/L,0.2 mol/L,0.3 mol/L,0.4 mol/L,0.5 mol/L,0.6 mol/L,0.7 mol/L,0.8 mol/L 蔗糖溶液各 10 mL 注入试管中(表2.2),用玻璃棒由低至高搅匀,加塞,编号,作为对照组。

表 2.2

试管编号	1	2	3	4	5	6	7	8
蔗糖溶液终浓度/(mol·L^{-1})	0.1	0.2	0.3	0.4	0.5	0.6	0.7	0.8
取 1 mol/L 蔗糖/mL	1	2	3	4	5	6	7	8
加水/mL	9	8	7	6	5	4	3	2

(2)另取 8 支试管,编号同第一步,然后从相同编号的试管溶液中取 4 mL 溶液,注入相同编号的空试管中,作为实验组加塞。

(3)用直径 10 mm 打孔器在同一个马铃薯块茎上打取完整的马铃薯圆柱,并用干净的刀片将圆柱切成长 1 cm 的小块共 40 块,被打取的小圆片不能在空气中暴露时间太长,以免失水,可在培养皿中切。切好后立即依次向装有 4 mL 蔗糖溶液的试管中加入 5 块(注意应使溶液叶面浸过切段)。放置 30 min,中间摇数次,到时间后向每管滴两滴次甲基蓝(或加入少量次甲基蓝粉末),摇匀,溶液呈浅蓝色即可。

(4)用滴管从实验组吸取少量溶液,然后插入对照组的相同编号试管的溶液中部,缓慢的放出一滴,视其移动方向,以"↑"表示小液滴上浮,"↓"表示下沉,将实验结果计入表 2.3。

表 2.3

溶液浓度/(mol·L^{-1})	小液滴流向
0.1	
0.2	
0.3	
0.4	
0.5	
0.6	
0.7	
0.8	

如果小液滴向下流,说明细胞吸水使溶液变浓,浓度增加了;如果小液滴向上流,则说明溶液被细胞流出的水分稀释了,密度变小;如果不动则说明渗透平衡。

(5)计算。可用下式计算外液的渗透势,此结果也代表了组织的水势。

$$P = -RTiC$$

式中 P——渗透势;

R——气体常数,0.083;

i——解离系数,蔗糖等于1,电解质大于1(需查表);

C——等渗溶液的浓度。

五、作业和思考题

采用该实验中的方法得到的结果不一定很准确,你可以在哪些方面进行改进使实验结果更可靠?

实验十 植物蒸腾强度的测定(容积法)

一、实验原理和目的要求

植物水分运输的主要动力是蒸腾拉力,带叶的枝条插在装有水的容器里,叶子仍然不断地进行着蒸腾作用。蒸腾强度不但与植物有关,还受温度、光照、湿度等因素的影响,容器内水分减少的数量可以反映出蒸腾的强度。本实验即采用容积法测定植物的蒸腾强度。

二、仪器及试剂

照度计,温度计,吹风机,小量筒,天平,剪子,铅笔,硫酸纸,蒸馏水,液体石蜡。

三、实验材料

天竺葵带叶枝条。

四、实验内容和方法

(1)在10 mL量筒中加入蒸馏水,记录水平面的刻度。

(2)将枝条在水中剪断,插在量筒的水中,滴几滴液体石蜡封闭水面。

(3)在距离枝条约20 cm处放一个100 W台灯,照光期间用温度计测量叶面温度,使其保持在25~28 ℃之间,并记录叶面温度。

(4)在距离枝条15 cm处吹风,记录叶面温度。

(5)在室内自然光线和无吹风机的情况下设置对照组,记录水平面的刻度。

(6)2.5 h 后取出枝条,记录水平面刻度。

(7)将叶片全部取下,在硫酸纸上描下叶形。剪下纸片,称重。剪取100 cm² (10 cm×10 cm)硫酸纸作为标准纸,称重。根据标准纸质量计算叶片面积。

(8)叶面积计算。根据下式计算叶面积

$$S = W_2 / W_1 \times 100 \text{ cm}^2$$

式中　S——叶面积;

　　　W_2——剪下叶形纸的质量;

　　　W_1——标准纸质量;

　　　100 cm^2——标准纸面积。

(9)蒸腾强度的计算。根据下式计算蒸腾强度

$$Q = \frac{W}{ts}$$

式中　Q——蒸腾强度,g/(m² · h);

　　　W——失水的质量,g;

　　　t——时间,h;

　　　s——叶面积,m²。

五、作业和思考题

比较不同条件下蒸腾强度的差异,总结影响蒸腾强度的条件有哪些。

实验十一　根系离子交换吸附现象的观察

一、实验原理和目的要求

细胞原生质膜带负电荷,可与阳离子(H^+等)结合。当根系浸于盐类或其他电解质溶液中时,通过阳离子交换吸附,能够把介质中的阳离子吸附到原生质膜表面上,而释放出原来结合的阳离子(如 H^+ 等)。

本实验以次甲基蓝这种活体染色剂,将直观地观察到根系阳离子交换吸附的过程。低浓度的次甲基蓝对根系细胞无毒害或毒性极小,在水中电离成次甲

基蓝离子(有色部分)和氯离子。根系在极低浓度的次甲基蓝溶液中时,根系表面的 H^+ 等阳离子可与次甲基蓝离子交换而使之被吸附于根表面。若再将此根系置于氯化铵溶液中,由于氯化铵在水中可解离成 NH_4^+ 和 Cl^-,则 NH_4^+ 可与次甲基蓝离子交换而被吸附在根表面,次甲基蓝离子进入氯化铵溶液中,因此使溶液由无色变成蓝色。

二、仪器及试剂

天平,小烧杯,量筒,次甲基蓝(1/3 000),氯化铵(3/1 000)。

三、实验材料

具有良好根系的葱,玉米或小麦幼苗。

四、实验内容和方法

(1)取根系生长良好的葱、玉米或小麦幼苗,用水洗净根系。

(2)将幼苗的根系浸于 1/3 000 次甲基蓝溶液中 2 ~ 3 min 后,取出用水冲洗。

(3)另取小烧杯两只,一支加入 3/1 000 NH_4Cl 溶液,另一支加入蒸馏水。将经过上述处理的植株根系分别浸入 NH_4Cl 溶液和水中,3 ~ 5 min 后,取出植株。

(4)观察 NH_4Cl 溶液和水的颜色,再观察不同处理的根系颜色。

(5)记录分析实验结果。

五、作业和思考题

如果在不同温度(低温和高温)条件下进行该实验,结果会有何不同,为什么?

实验十二　硝酸还原酶的提取和活性的测定

一、实验原理和目的要求

植物从土壤中吸收硝酸盐后,必须首先将其还原到氨的水平,才能进一步转

变成有机含氮化合物。其中硝酸还原酶催化硝酸盐为亚硝酸盐,一般以 NADH 或 NADPH 为还原剂。反应方程式为

$$NO_3^- + NADH + H^+ \longrightarrow NO_2^- + NAD^+ + H_2O$$

反应产生的 NO_2^- 可以从组织中渗出,在外界溶液中积累,其含量的多少,能够表明酶活性的大小,可以用磺胺试剂比色法测定 NO_2^- 的含量。本实验即利用该颜色反应测定硝酸还原酶的活性。

硝酸还原酶是一种诱导酶,当向培养介质中加入硝酸盐 KNO₃ 或 NaNO₃ 时,植物体内很快就出现硝酸还原酶,并利用硝酸盐作为氮源。

硝酸还原酶活性单位可表示为:亚硝态氮微克数/(g·(鲜组织)·h)。

二、仪器及试剂

分光光度计,离心机,温箱,真空干燥器,抽气机,振荡器,天平,钻孔器,三角烧瓶,烧杯,移液管,剪刀。

KNO₃,磷酸缓冲液,1 mmol/L DNP,磺胺试剂,α-萘胺试剂,三氯乙酸,2.5 mmol/L蔗糖溶液,NaNO₂ 标准溶液。

三、实验材料

各种植物材料(如根、茎、叶等),取小麦或玉米发芽 3~7 d 的幼苗叶片较为简便。

四、实验内容和方法

(1)绘制标准曲线。吸取不同浓度的 NaNO₂ 溶液各 1 mL 于试管中,加磺胺试剂 2 mL,α-萘胺试剂 2 mL,混合摇匀,静置 30 min,立即用分光光度计 520 nm 处测光吸收,然后以光密度为纵坐标,NaNO₂ 浓度为横坐标,在坐标纸上绘制光密度-浓度曲线。

(2)测定分两组进行。取材前 24 h,一组将 50 mmol/L 硝酸钾加入幼苗的液体培养基中,另一组不加硝酸钾。

(3)植株培养 24 h 后,剪下叶片 2 g,洗净,吸干,切成 1 cm 长的切段置于小烧杯中,加入 pH 7.4 磷酸缓冲液和 50 mmol/L 硝酸钾各 5 mL。

（4）加 1 mmol/L DNP 0.5 mL 以阻止 NO_2^- 被进一步还原。

（5）加 2.5 mmol/L 蔗糖溶液 0.5 mL 为加速诱导 NO_2^- 的合成提供能量。

（6）将烧杯置于真空干燥器中，抽气 1 min 后通入空气，再抽气，反复几次，直至叶片软化，下沉，然后置于黑暗中，30 ℃保温培养半小时。

（7）将黑暗保温后的材料煮沸 2 min，以使 NO_2^- 彻底从组织中渗出至提取液中。

（8）吸取提取液 1 mL 于试管中，加磺胺试剂 2 mL，α-萘胺试剂 2 mL，1%三氯乙酸 0.5 mL，静置 30 min 后用分光光度计 520 nm 处测光吸收。

（9）根据样品 A 值，从标准曲线上查出各反应液中亚硝态氮的含量。根据硝酸还原酶活性单位表示法，计算样品硝酸还原酶的活性（μg/g 鲜重·h）。

五、作业和思考题

比较经硝酸钾诱导和未经诱导的小麦幼苗中硝酸还原酶活性的差异，谈谈主要原因有哪些？有何生理意义？

实验十三　生长素对根和芽生长的影响

一、实验原理和目的要求

生长素促进植物生长的作用具有两重性，即低浓度促进生长，而超过最适浓度则抑制生长。对同一浓度的生长素，植物的不同器官反应亦不相同，一般敏感性从高到低为根、芽、茎。

本实验通过比较不同浓度生长素对小麦幼苗不同部位的刺激作用，使学生了解生长素对植物的作用和植物的不同器官对生长素的反应。

二、仪器及试剂

恒温培养箱，培养皿，镊子，移液管，直尺，滤纸，10 mg/L 萘乙酸（NAA）。

三、实验材料

刚刚萌动的小麦种子。

四、实验内容和方法

(1)配置不同浓度的 NAA 溶液。准备 7 套洁净的培养皿,编号 1~7。除 1 号培养皿外,其余 2~7 号培养皿各加水 9 mL。给 1 号培养皿加 10 mL 10 mg/L萘乙酸(NAA),从中取出 1 mL 加入 2 号培养皿中,混匀后,再从中取 1 mL加入 3 号培养皿中,摇匀。以此类推,至 6 号培养皿中,最后从 6 号培养皿 中取出1 mL弃去。每培养皿中溶液体积为 9 mL,7 号培养皿作对照,这样 1~7 号培养皿溶液中 NAA 质量浓度依次为 10 mg/L、1 mg/L、10^{-1} mg/L、10^{-2} mg/L、10^{-3} mg/L、10^{-4} mg/L、0 mg/L。

(2)在每个培养皿中放入一张洁净滤纸。挑选 70 粒饱满、大小一致、刚刚 萌动(露白)的小麦种子。每培养皿放 10 粒,加盖。放入 25 ℃恒温培养箱中培 养3 天。

(3)3 天后检查各培养皿中小麦的生长情况。测量不同处理的幼苗的平均 根数、平均根长和平均芽长。将结果填入表 2.4,对实验结果进行分析。

表 2.4　实验结果记录表

培养皿编号	1	2	3	4	5	6	7
NAA 质量浓度/(mg · L^{-1})	10	1	10^{-1}	10^{-2}	10^{-3}	10^{-4}	0
平均根数/条							
平均根长/mm							
平均芽长/mm							

五、作业和思考题

对实验结果进行分析,确定 NAA 对根、芽生长具有促进或抑制作用的浓度 范围。

实验十四　吲哚乙酸氧化酶活性的测定

一、实验原理和目的要求

吲哚乙酸在吲哚乙酸氧化酶的作用下失去活性。植物体内吲哚乙酸氧化酶活力的大小,对调节体内的吲哚乙酸的水平起着重要作用,酶活力的大小可以以其破坏吲哚乙酸的速度表示,吲哚乙酸含量可用比色法测定。

二、仪器及试剂

分光光度计,恒温水浴锅,离心机,研钵,试管,移液管,天平,0.02 mol/L 磷酸缓冲液 (pH 6.1),0.001 mol/L MnCl$_2$,0.001 mol/L 2,4-二氯酚,0.001 mol/L IAA,吲哚乙酸试剂 B(10 mL 0.5 mol/L FeCl$_3$,500 mL 35% 过氯酸,使用前混合即成,避光保存),IAA 标准液(25 μg/ mL)。

三、实验材料

萌发 3~4 d 的大豆或绿豆下胚轴和根。

四、实验内容和方法

1.绘制标准曲线

(1)配置质量浓度分别为 25 μg/mL,20 μg/mL,15 μg/mL,10 μg/mL,5 μg/mL,2.5 μg/mL,1 μg/mL,0.5 μg/ mL 的吲哚乙酸溶液,配方见表 2.5。

表 2.5

欲配 IAA 浓度/(μg·mL^{-1})	25	20	15	10	5	2.5	1.0	0.5
IAA 母液(25 μg/ mL)/mL	5	4	3	2	1	0.5	0.2	0.1
水/mL	0	1	2	3	4	4.5	4.8	4.9

(2)取干净的大试管 8 支,每支加入吲哚乙酸试剂 B 4 mL,再分别加入不同浓度的吲哚乙酸溶液 2 mL,摇匀,并于 40 ℃黑暗处保温 30 min,使溶液反应呈红色。

(3)反应液用分光光度计在波长 530 nm 下测定吸光度,将结果以吲哚乙酸质量浓度(μg/ mL)为横坐标、吸光度读数为纵坐标绘制曲线。

2.粗酶液的提取与酶活性测定

(1)将大豆或绿豆种子于 30 ℃温箱中萌发 3~4 d,选取生长一致的幼苗,除去子叶,留下胚轴和根作材料。

(2)分别取下胚轴和根各 0.5 g,分别置于研钵中,加入冰冷的磷酸缓冲液

(pH 6.1)5 mL(即按 100 mg 鲜重/mL 的比例,用缓冲液稀释)及少许石英砂,于冰浴中研磨成匀浆。4 000 rad/min 离心 20 min,所得上清液即为下胚轴和根的粗酶提取液。

(3)取两支试管,其中各加入 $MnCl_2$ 1 mL,2,4-二氯酚 1 mL,0.001 mol/L IAA 2 mL,酶液 1 mL,磷酸缓冲液(pH 6.1)5 mL,混合摇匀,另取一只试管,除酶液用磷酸缓冲液代替外,其余成分相同,一起置于 25 ℃ 恒温水浴中,作用30 min。同时设空白对照组,除不加入 IAA 外,其余成分相同。

(4)取混合液 1 mL,参照绘制标准曲线的步骤 2 测定吲哚乙酸含量。

(5)以每毫升酶液在 1 h 内分解吲哚乙酸量 μg 表示酶活力大小。

五、作业和思考题

比较豆芽的根和下胚轴中吲哚乙酸氧化酶活性的差异,说明其生理意义。

实验十五　细胞分裂素的保绿作用

一、实验原理和目的要求

细胞分裂素具有促进细胞分裂,阻止核酸酶和蛋白酶等一些水解酶的产生,因而保证了核酸、蛋白质和叶绿素不被破坏,同时又有抑制营养物质外流等生理作用。

本实验把离体的植物叶片放在适宜浓度的细胞分裂素溶液中,在 25～30 ℃黑暗条件下,叶片中叶绿素分解速度比较慢,证明细胞分裂素具有保绿作用。生产中可用细胞分裂素延长蔬菜的贮藏时间。

二、仪器及试剂

分光光度计,天平,培养皿,剪刀,研钵,量筒,漏斗,容量瓶,6-苄基氨基腺嘌呤溶液。

三、实验材料

各种植物叶片均可。

四、实验内容和方法

(1)在 4 个培养皿中分别装进 0.002%、0.001%、0.000 5% 6-苄基氨基腺嘌呤溶液和蒸馏水各 30 mL,每种处理重复两次。各培养皿中放入植物叶片 1 g,将培养皿放到 25 ~ 30 ℃黑暗地方。

(2)一天或两天后把材料的药液用吸水纸吸干后,按叶绿素含量测定的步骤(参见实验五),测定各处理的材料所含的总叶绿素含量(毫克叶绿素/克鲜重)。

五、作业和思考题

用实验结果说明细胞分裂素的保绿作用,其在农业生产和蔬菜的保鲜方面有何应用价值?

实验十六　光、钾离子和 ABA 对气孔运动的影响

一、实验原理和目的要求

水分进出保卫细胞的结果产生气孔的运动。气孔运动与保卫细胞受光照、积累 K^+、激素的作用等有非常密切的关系。Na^+可以代替 K^+使气孔开放。在光下,保卫细胞质膜的 H^+-ATPase 被活化,利用 ATP 水解所释放的能量将 H^+泵到保卫细胞外,把外边的 K^+等转移进保卫细胞,从而降低保卫细胞的水势,从而使保卫细胞吸水膨胀,气孔开放。

本实验的目的就是验证气孔开放的 K^+吸收学说,并比较光和不同离子以及激素对气孔开度的影响。

二、仪器及试剂

光照培养箱,显微镜,培养皿,镊子,载玻片,盖玻片,0.5% 的 KNO_3,0.5% 的 $NaNO_3$,ABA。

三、实验材料

鸭趾草叶表皮。

四、实验内容和方法

（1）取 6 个培养皿编号，分成 3 组（3 个处理），每组 2 个（两个重复），第一组加入 15 mL 的 0.5% 的 KNO_3，第二组加入 15 mL 的 0.5% 的 $NaNO_3$ 溶液，第三组加入蒸馏水。

（2）撕鸭趾草叶表皮分别放入上述 6 个培养皿中。

（3）将 6 个培养皿放入 25 ℃ 温箱中，使溶液温度达 25 ℃。

（4）分别取出叶表皮放在载玻片上，加盖片，在显微镜下观察没照光的情况下气孔的开度。

（5）取出培养皿置于人工光照条件下照光 0.5 h。

（6）分别取出叶表皮放在载玻片上，加盖片，在显微镜下观察照光后气孔的开度。

（7）向气孔开度较大的培养皿中加入 10 μmol/L ABA 作用 20～30 min 后，取出叶表皮放在载玻片上，加盖片，在显微镜下观察气孔的开度。

五、作业和思考题

比较不同条件下气孔开度的差异，总结影响气孔开放的条件。

实验十七　植物愈伤组织的培养和诱导分化

一、实验原理和目的要求

植物组织培养是把植物的器官、组织以至单个细胞，通过无菌操作使其在人工条件下，能够继续生长，甚至分化发育成一个完整的植株的过程。植物的组织在培养的条件下，经过脱分化作用，即原来已经分化停止生长的细胞，恢复分生能力，形成没有组织结构的细胞团（即愈伤组织）。愈伤组织在一定条件下，又能重新分化形成输导系统以及根与芽等组织和器官，最终形成完整的植株，即再分化作用。早在 1957 年，Skoog 即发现培养基中植物激素在此过程中起着重要作用，吲哚乙酸和 6-苄基氨基腺嘌呤的比例，决定了根和芽的分化。

近年来，组织培养作为一种研究技术，已广泛应用于许多学科中，它不仅对理论研究有重要意义,而且展现了十分广阔的应用前景。本实验要求学生掌握植物组织培养的基本方法,并了解植物组织培养的用途。

二、仪器及试剂

组织培养室,接种箱或超净工作台,恒温培养箱,高压灭菌锅,分析天平,水浴锅,长镊子,解剖刀,剪刀,三角烧瓶,容量瓶,烧杯,移液管,量筒,牛皮纸,培养皿,称量纸,棉线。

$HgCl_2$(或次氯酸钠),乙醇,6-苄基氨基腺嘌呤,IAA 或 2,4-D,MS 培养基。

三、实验材料

健壮的烟草茎段或胡萝卜根。

四、实验内容和方法

1. 配置培养基

(1)愈伤组织诱导培养基:MS 培养基(10 g/L 蔗糖,2mg/L 2,4-D,10 g/L 琼脂)。

(2)实验培养基:按表 2.6 配制。

表 2.6

序号	吲哚乙酸/$(mg \cdot L^{-1})$	6-苄基氨基腺嘌呤/$(mg \cdot L^{-1})$	相对比值
1	0	2.0	—
2	0.2	2.0	1:10
3	0.5	2.0	1:4
4	1.0	2.0	1:2
5	2.0	2.0	1:1
6	2.0	1.0	2:1
7	2.0	0.5	4:1
8	2.0	0.2	10:1
9	2.0	0	—

注:吲哚乙酸用少量 0.1 mol/L NaOH 溶解,6-苄基氨基腺嘌呤用 0.1 mol/L HCl 溶解。

2. 培养基灭菌

将配好的培养基加入琼脂,加热溶解,调至 pH 5.8,趁热分装于 100 mL 三角烧瓶中,每瓶约 20 mL。待培养基冷却凝固后,用一层称量纸和一层牛皮纸包扎瓶口,并用棉线扎牢,然后在高压灭菌锅中 121 ℃(1.05 kg/cm²)下灭菌 20 min。取出三角烧瓶放在台子上,冷却后备用。接种操作所需的一切用具(如长镊子、解剖刀、剪刀等)及灭菌水,需同时灭菌。

3. 诱导产生愈伤组织

(1)取健壮的烟草茎或胡萝卜数段,每段 5 cm 长,于烧杯中,用 0.1% 氯化汞(升汞)浸泡 20 min,取出用无菌水洗 3~4 次,置于无菌培养皿中,在超净台中按无菌操作要求剥去外皮(超净台先用紫外灯灭菌 30 min),用解剖刀切成 5 mm 厚的圆片(弃去开始一片和最后一片),用长镊子将它接种在诱导培养基上,注意圆片的切口朝向培养基,每瓶接种 4 片,接种后扎好瓶口。

(2)将已接入植物组织(外植体)的三角烧瓶,培养在 25 ℃培养箱中,每星期检查 1~2 次,剔除材料已被杂菌污染的三角烧瓶,3~4 周后可见愈伤组织产生。

(3)选取愈伤组织生长良好的三角烧瓶,用解剖刀将愈伤组织切下,转移到含有不同激素的培养基中(也可以连同原来的外植体一起转移),每瓶放 1~2 块,仍培养在 25 ℃培养箱中,每周观察不同激素处理愈伤组织分化情况,直至长出根与芽。长成的幼小植株即为“试管苗”,可移栽于花盆中。

五、作业和思考题

1. 全班可选用不同植物(如烟草、花椰菜、胡萝卜、番茄等)进行实验。
2. 植物激素与器官分化有何关系?
3. 组织培养技术有何生产实践意义?

实验十八　藻类植物生活史及代表植物个体发育

一、目的和要求

(1)通过对藻类代表植物衣藻、紫菜、海带的观察,掌握藻类的主要特征。
(2)掌握衣藻、紫菜、海带的生活史,学会鉴别各代表植物及实验观察方法。

二、仪器及试剂

显微镜,载玻片,盖玻片,碘液,苏木精。

三、实验材料

(1)衣藻属(*Chlamydomonas*):衣藻培养液或衣藻装片。

(2)海带(*Laminaria japonica*):孢子体、带片横切片、配子体封片。

(3)紫菜(*Porphyra*):压制标本、精子囊和果胞切片、壳斑藻封片。

四、实验内容和方法

1. 衣藻属

(1)衣藻属的采集和培养

衣藻属(*Chlamydomonas*)多生活在不流动的水体中,如池塘、沟渠、沼泽、积水坑等处。采集时可直接用广口瓶捞取藻体数量较多的水体。

显微镜下吸取衣藻个体,接种到已灭菌的朱氏培养液的试管中,置20~25 ℃下,光照2 000~3 000 勒克斯条件下培养,待繁殖后,用微吸管再分离,直至得到无菌的藻种。保存藻种时可将无菌培养的衣藻转接到试管斜面的培养基上,20 ℃培养7~10 d,斜面上即可长满绿色的衣藻群体,置低温光照条件下保存,过2~3天转接一次。需用时,在斜面上加入液体培养液,提高温度和光照条件,仍可得到游动活泼的衣藻。

(2)衣藻属形态结构的观察

取衣藻培养液一滴制成装片,由于衣藻个体小,低倍镜下不易看清,如游动太快可用吸水纸从盖片一侧吸去些水分,其游动速度就会减慢,或只能在原处挣扎,此时可在高倍镜下观察藻体颜色、形状和运动情况。

衣藻细胞呈椭圆形,前端有微乳突状突起,细胞最外即为细胞壁。选择衣藻个体较大者在高倍镜下观察下列构造:

①杯状色素体。开口在细胞前端,大形,几乎占原生质体的绝大部分空间。

②蛋白核。埋于杯状色素体的基部。加碘液染色后,由于蛋白核上聚有淀粉,所以遇碘变成蓝紫色,染色浓度大则成黑色。

③细胞质。色素体开口处至前端细胞壁之间透明部分是最易见到的一部分

细胞质。

④细胞核。一个,位于色素凹入处的细胞中,须经苏木精染色才能看见。

⑤眼点。一个,注意在细胞中的部位、颜色和形状。

⑥鞭毛和贮藏物质。在盖片一侧加一滴碘液,并用吸水纸从另一侧吸过去,鞭毛因吸附碘而膨胀加粗,易看清楚。注意鞭毛的数目、长短及着生位置。在鞭毛基部还能见到两个伸缩泡。

(3)衣藻属的生殖

当看到衣藻母细胞壁内有 2 ~ 16 个(通常是 4 个)游动孢子时就是衣藻的无性生殖情况。

当环境不良时衣藻常进行有性生殖。如在实验的前一天,取少量有衣藻的培养液倒入小烧杯中,并减弱光照,第二天常能看到衣藻的有性生殖情况。此时一群群的配子聚在一起,其中有不少的两两细胞前端接近,二者经过一段时间的游动之后,两个细胞的前端开始融解,一个细胞的原生质流到另一个细胞中去进行融合,同时两细胞发生扭转。原位于两细胞间的四根鞭毛转于前端,以后原生质体慢慢完全融合形成合子。合子球形,此时细胞失去鞭毛,不再运动。有些种类的有性结合过程大约需要 2 ~ 3 h,如在实验时看到此种情况应坚持看完全过程。

2. 海带的形态结构

(1)海带的采集

海带(*Laminaria japonica*)为冷温性海藻,原产日本,后传入我国。我国从北到南沿海都有人工海带养殖场。我国自然生长的海带,仅限于辽东半岛和山东半岛的肥海水区域,一般生长在低潮带下 2 ~ 5 m 的岩礁上。

因为海带是两年生的海藻,共产生两次孢子囊和散放孢子。第一次是第二年秋天产生,第二次是第三年秋天。放散孢子后,藻体即开始腐烂。每年夏季水温高时,海带生长不利,藻体顶部大多腐烂,所以在 6 月以后很难采到完整的标本。若采集天然生长的有孢子囊的海带孢子体,需在秋天。

因为海带中含有很多藻胶,不易干燥,所以制作标本时要防止腐烂。小型海带可先晾至半干再压制标本;但不宜太干,否则藻体干皱不易压平;也可以在藻体上涂抹一些福尔马林防腐,且压制时要勤换吸水纸和纱布。大型海带标本,可晾至大半干后卷起来保存,实验时用稀盐水泡开即可,实验完毕再晾干保存。带有孢子囊群的海带带片,可以剪成小块浸泡于 7%～10% 福尔马林的海水溶液中保存,可供徒手切片或石蜡切片用。

(2)海带配子体培养

海带配子体培养需要在海边进行,首先将经过滤的海水放入一个大盆中,海水温度不超过 10 ℃,在盆底铺上一层洗净的载玻片。选取健壮的有孢子囊群的种海带,洗净。然后将种海带放入盆中,几十分钟后孢子囊就开始释放出大量的游动孢子,当海水变混浊后就可把海带取出。游动孢子几小时后便黏附在载玻片上,逐渐变圆发育成配子体。约 4～5 d 就可分出雌雄配子体,10～14 d 配子体开始成熟排卵受精,形成合子,合子的分裂产生幼孢子体。

在培养过程中要注意:勤换过滤海水或将海带置于流动的过滤海水中;严格控制水温,最好不要超过 10 ℃;要有适当的光照。

(3)孢子体的形态

取腊叶标本或浸制标本观察其外形。孢子体可分为三部分:带片、叶柄、固着器。注意观察海带带片两面的孢子囊区域的特征。

(4)海带带片内部结构和孢子囊群的结构

取海带横切片,显微镜下观察,带片由表皮、(内、外)皮层及髓部三部分组成。表皮有 1～2 层细胞厚,含色素体、排列紧密。外皮层由数层含色素的细胞所组成,中央有黏液腔。外皮层的内部由数层大形无色素体的细胞组成内皮层,带片的中央由喇叭丝和髓丝组成髓部。

孢子囊群位于带片两面,注意观察区分棒状单细胞的孢子囊和其间的隔丝,隔丝顶部有胶质冠。孢子囊内的黑点即孢子。

(5)雌、雄配子体及幼孢子体

取配子体封片在显微镜下观察,注意区分♀♂配子体。♀配子体由一至几个较大细胞所组成;♂配子体一般由好多个较小的细胞形成分枝丝状体。幼孢子体则由受精卵分裂而形成。

3. 紫菜属的形态结构

紫菜从我国北方至海南岛的东北部海滨都有生长,种类颇多,附生于高潮带岩石上,植物体呈紫红色,是由单层或双层细胞组成的扁平叶状体,基部有盘形的固着器。

(1)紫菜属(*Porphyra*)植物体外形和细胞结构:取腊叶标本观察植物体外形,取浸制标本封片观察紫菜的细胞构造,注意观察细胞之间充满胶体质。

(2)果胞子囊和精子囊:观察紫菜的果胞子囊和精子囊时,可在市场购买干紫菜,实验前用水浸泡即可使用。生殖细胞多产生在紫菜边缘部。有果胞和果胞子的部分比营养细胞的颜色深,呈深紫色,紫菜破损处往往有果胞露出,根据其原始的受精丝特征易识别;也可将紫菜叶状体折叠后再封片,从折叠边缘看,如果见有向外突出的部分即为果胞的受精丝。产生精囊的部分比普通营养细胞区域的颜色淡,呈乳白色。

(3)紫菜壳斑藻:先取长有壳斑藻的软体动物的贝壳,观察壳斑的颜色和分布。然后再取封片,在显微镜下区分壳斑藻两个主要发育阶段,即丝状藻丝(细胞细长,其长度大于宽度的倍数)和膨大藻丝(粗短,细胞长宽略相等,细胞质浓,色素深)。在其分枝顶端常可见到细胞分裂成双,此即为快成熟的壳孢子。

五、作业和思考题

1.绘衣藻细胞结构简图。

2.绘海带带片横切,示带片结构和孢子囊群。

3.图解说明海带生活史。

4.简述紫菜生活史。

实验十九　苔藓植物生活史及代表植物个体发育

苔藓植物是一群小型的多细胞高等植物,体内无维管束系统,无真根,多生于阴湿场所,具多细胞的生殖器官,发育过程中出现胚的阶段。生活史为配子体发达、孢子体寄生在配子体上的异形世代交替。

一、目的和要求

1.通过实验掌握苔藓植物的主要特征,并比较它们与藻类植物的主要异同。

2.正确理解苔藓植物在植物界中的系统地位。

二、仪器及试剂

显微镜,解剖镜,Noland 固定染色液(苯酚饱和水溶液 80 mL,甘油 4 mL,甲醛(40%)20 mL,龙胆紫 20 mg),漂白粉,克诺普氏培养基(硝酸钙 0.8 g,硝酸钾0.2 g,磷酸二氢钾 0.2 g,硫酸镁 0.2 g,蔗糖 5 g,水 1 000 mL,琼脂 15~20 g)。

三、实验材料

地钱,葫芦藓植物体和切片。

四、实验内容和方法

1. 地钱

地钱(*Marchantia polymorpha*)为苔纲地钱目最常见的种类,通常生长于阴湿墙角、水沟边。植物体为二叉分枝的叶状体,有背腹之分,内部组织略有分化。

(1)地钱的培养

地钱喜欢生长在阴湿的地方。每年 5 月份可采到雄器托,6~7 月份可采到雌器托,孢子体约 7 月底至 8 月份成熟。配子体 5~10 月都易采集到。将野外采集的配子体或胞芽移至温室或实验室里培养,可以观察到地钱生活史的全过程。

野外采到的叶状体(配子体)连土一起带回,将叶状体或它们上面的胞芽移种在装有肥土的花盆或浅木箱内,盖上一层玻璃,放在光线合适的地方,隔日浇适量的水,保持一定的湿度,它们就会在室内长期生活下来,完成生活史的全过程。通常春夏季采回的叶状体在东北地区的室温条件下,起初几个月只是配子体不断生长,连续产生胞芽,进行营养繁殖。雄托于次年 2 月,雌托在 3~4 月先后陆续产生,6~7 月孢子体逐渐成熟。

室内连续用叶状体或胞芽进行繁殖,往往会出现退化现象,叶状体越长越细弱,这可能与营养和光照有关。连续培养几年后,最好到野外采集重新移种,或收集室内成熟的孢子,接种到克诺普琼脂培养基上,待孢子萌发成原丝体,再长成幼叶状体后再移种到花盆或木箱内。

(2)配子体(叶状体)外形

地钱的植物体为深绿色两歧分枝扁平叶状体,有背腹之分,背面可看到由一些较为明亮的线条将整个表面划分为一些菱形或多角形的小块,每块下方为一气室,在气室的中央有一小白点,称为气孔。在背面还可以看到胞芽杯,内有胞芽。腹面可见有很多白色毛状的假根和紫色的鳞片。

叶状体有明显中肋,在分叉的顶端有一个很小的凹陷,即为叶状体的生长点。叶状体沿着生长点生长,后面较老部分逐渐死亡腐烂。

(3)地钱配子体内部构造

取地钱叶状体做徒手切片,或取地钱叶状体横切片在镜下观察,区别上皮层、气孔、气室同化组织,注意气室间的界限。同化组织是由许多含叶绿体的细胞组成,同化组织下方为大型无色细胞构成的贮藏组织,最下面为一层下皮层。下皮层生有多细胞组成的鳞片和"舌状"与"平滑"两种单细胞假根。

(4)地钱的胞芽杯和胞芽

胞芽杯是地钱叶状体背面生有的许多小杯状结构。胞芽杯产生胞芽,用针细心挑取胞芽制成封片观察。胞芽为微小绿色小片,两边各有一个凹入处,边缘薄,中部厚,它的基部有一个无色细胞组成的短柄。胞芽是地钱的营养繁殖结构,由绿色细胞、发亮的油细胞和灰色的假根细胞组成。胞芽落地可以长成叶状体。

(5)地钱的雄器托和雌器托

地钱为雌雄异体,因此其两性生殖器官生长在不同的叶状体上。雄器托顶部呈圆盘状,周围有凹陷,许多精子器埋于盘内。雌器托顶部有辐射状 8～10 条指状突起,在 2 条指状突起间的基部有倒悬而生的颈卵器,在颈卵器两侧各有一片薄膜将颈卵器覆盖,称为蒴苞。

取新鲜雄器托徒手切片或取雄器托切片观察精子器的构造。取地钱颈卵器切片观察颈卵器形态构造。颈卵器呈烧瓶状膨大部分为腹部,上端为颈部,在幼期的颈卵器内面,上端有几个颈沟细胞,一个腹沟细胞;成熟的颈卵器,颈沟细胞和腹沟细胞消失,颈卵器腹部有一个较大的卵细胞,颈卵器的基部有一个显著的柄与叶状体相连。

(6)地钱的孢子体

地钱的孢子体寄生在配子体上,孢子体由孢蒴、蒴柄和基足三部分组成。取一张孢子体横切片,注意观察孢子体与配子体之间的关系及三部分的形态。在蒴内可见到孢子和弹丝。同时注意观察孢子体外有颈卵器壁残余部分、假被和蒴苞的三层保护结构。

2. 葫芦藓

葫芦藓(*Funaria hygrometrica*)为藓纲真藓目最常见的藓类植物。并且具有藓类植物的典型特征,故在植物生物学教学中都将葫芦藓作为藓纲的主要代表来介绍。实验时不但要详细观察葫芦藓生活史中各发育阶段的材料,而且要掌握葫芦藓的培养方法。

(1)葫芦藓的采集与培养

葫芦藓虽然分布很广,但因季节的限制,不是常年都能采到,特别是要观察它们生活史的各个阶段,应用自然界的材料就有困难,因此,实验材料最好在实验前几个月就分批培养,以备后用。

首先要采孢子。在东北地区,葫芦藓的孢蒴约在 6 月下旬至 7～8 月间成熟。采集时,须注意孢蒴是否完全成熟,如为绿色或淡黄褐色,则都未成熟。成熟的孢蒴向下弯曲,呈葫芦形,颜色变为红褐色,并稍带光泽。这种孢蒴内的孢子才有萌发能力。葫芦藓孢子的寿命也有一定的期限,一般在室内标本柜贮藏超过 7 年,孢子就可能失去萌发能力。

采集到的葫芦藓的孢子也可以直接接种在肥土上。用肥土培养采用清洁花盆,装入肥土,浇水润湿后将花盆放在盛有水的大培养皿上,并在花盆顶上再盖一个合适的盖。将葫芦藓孢子做成悬液后,轻轻倒入土层表面,以后日常管理要保持花盆下的培养皿内经常有水,始终保持潮湿环境。在没有长成幼配子体前,千万不可从土面上直接浇水,以免孢子萌发后长出的原丝体被土粒所盖,容易失败。葫芦藓生长良好的情况下,孢子接种后,可以从这一代孢子萌发,一直生长发育到下一代孢子的产生,即完成整个生活史发育过程。土壤上培养的孢子,萌发为原丝体和芽体时,易被土粒遮盖或黏附,不宜做显微镜观察。

观察原丝体和芽体的材料最好用固体培养基培养。接种时需进行无菌操作,培养皿必须充分洗净,培养基及各种器皿都须在 121 ℃灭菌 20 min。先取成熟的孢蒴,用尖镊子仔细地把蒴盖打开,将孢蒴内棕黄粉末状的孢子收集在清洁的白纸上,一个孢蒴内约数十万个孢子,可用来做几份培养。孢子用 2%～5% 漂白粉液消毒 1～2 min 后,用无菌水冲洗 1～2 次,然后接种在克诺普氏培养基上,使孢子均匀散布开,接种太密,影响发育,若接种太稀,则因长出的原丝体在培养基上生长不占优势,易被微生物或藻类污染。为了使孢子能均匀地分布在培养基上,可先将孢子做成悬浮液,用无菌吸管将悬浮液再接种到培养基上。

孢子还可以接种在液体培养基中,15 ℃左右约 7 d 就可以萌发,26~30 ℃ 1 d 就萌发。从孢子萌发后产生的一部分绿色分枝丝状体,沿着基质表面生长,另一部分分枝能深入基质,向下生长,并逐渐尖细,无色,成为假根。从一个孢子萌发出来的丝状体总称为原丝体。在室温花盆内培养,白天最高 13~17 ℃,夜间最低 1~4 ℃的条件下,自孢子接种后,约 50 d 左右才产生芽体。芽体产生后,由于它的叶片和假根不断地增加而长大,并分化出茎,又利用假根直接固着在基质上。这时原丝体逐渐萎缩而消失,芽体即成为具有茎叶的植物体。

葫芦藓配子体的雌雄枝的发育成熟与温度有密切的关系,如果 4 月末接种,经过 5~9 月的室温条件,其日最高温保持在 20~28 ℃,芽体虽长得快,但雌雄生殖器要到室温逐渐下降的 10 月初才先后出现。而 10 月初接种的,经过 10~11 月间的室温条件,其白天最高温 17~19 ℃,夜间最低温 5~7 ℃,雌雄生殖器自接种 2 个月后就先后出现,可见生殖器的产生需要适宜的低温。所以在培养时,想缩短配子体世代的发育时间,尽快得到生殖的材料,可在孢子接种后提高培养温度,促进原丝体和芽体的形成,然后再降低培养温度,如白天 15~20 ℃,夜晚 4~7 ℃,可促使生殖器早成熟。

生殖器成熟了的配子体,用肉眼即可辨认,且雄枝稍早于雌枝成熟。雄枝顶的雄苞叶较宽,而且向外翻,像朵小花。雌枝顶端的雌苞叶比较窄,且包得很紧。

孢子体的发育与温度的高低也有密切的关系,在 4~6 月室温下,自受精到孢子体完全成熟,约需 2.5~3 个月的时间,在冬季的室温条件下,则需 5~6 个月的时间才完成孢子体的发育过程。

(2)配子体的观察

葫芦藓的配子体为绿色直立矮小的茎叶体,不分枝或由基部分出 1~2 个小枝,具有茎、叶和假根的分化,叶在茎上排列较疏松,雌雄异株或同株。

用吸管到培养皿内取前一周培养好的材料,封片,在显微镜下观察孢子及原丝体的形态,注意孢子形状、孢子萌发为原丝体的不同过程,原丝体的分枝情况、颜色、与假根的区别、芽体的形状和数目等。用镊子到琼脂培养基上取幼茎叶体,置载玻片上,在解剖镜下观察其形态。

观察雌雄配子体时,用镊子到已长好配子体的花盆里取少许材料,置载玻片上,先用肉眼观察,区别雌枝及雄枝。成熟的雄枝枝顶的叶片即雄苞片较宽,而且外翻,像一朵绿色小花;成熟的雌枝枝端的雌苞片比较窄,而且都相互向里包紧,形成一个芽。一般雄枝成熟期早于雌枝。

分别将雌雄配子体置于解剖镜下,用镊子和解剖针细心地将雄枝(或雌枝)顶端的苞片一一剥去,这时就可以看到枝顶端着生精子器(或颈卵器)。在雄枝的顶端生着一丛精子器,每个枝顶约50个左右。精子器棒状,精子器之间夹生有很多隔丝,其基部与精子器的基部相连,每条隔丝都长于精子器,由4、5个细胞组成,但顶端的细胞膨大成球状,细胞内具有叶绿体。上述构造观察结束后,在解剖镜下挑取几个成熟的精子器,放在载玻片上,加一滴水,盖上盖玻片轻轻加压,立刻放在显微镜下观察,这时可看到有的精子器盖细胞开裂,内部精子像烟雾状射出来,刚放出来的一堆精子细胞被淹没在胶状物质中,每个精子细胞环状,外被一层薄膜所包,几秒钟后,其薄膜消失,精子立即活泼游动,1 min 左右,所放出的精子都游向各方,在精子器开口处,只留下一堆胶状物质,精子器变为一具空壳。

观察精子可用 Noland 液固定染色。待精子器内精子放出游动后,将精子器和杂物去净,让载玻片自然干燥,则精子可固定在载玻片上,加 Noland 液染色1 min后冲洗,自然干燥后即可观察。精子细长,呈螺旋状弯曲,先端具2条等长鞭毛。

因雌枝苞叶包得很紧,生长在它们中央的颈卵器又都具有较长的颈部,故极容易与苞叶一起剥掉。因此观察颈卵器时,操作时要特别留心。剥去苞叶后,可见到枝顶着生 2~3 个瓶状的颈卵器,注意观察不同时期颈卵器的内部构造层。

取雌枝和雄枝顶端纵切片,进行对照观察。

(3)孢子体的观察

取一株孢子体已生长成熟的完整植株体,观察孢子体的形态。孢子体由三部分组成,基足、蒴柄和孢蒴。把成熟孢蒴放在载玻片上,加水湿润,然后在解剖镜下用镊子轻轻地把孢蒴上的环带挑开,则蒴盖自动脱下,可见蒴齿。将载玻片放在低倍镜下观察蒴盖、环带和蒴齿的构造。取葫芦藓孢蒴纵切片,比较观察蒴盖、环带、蒴齿、蒴轴、孢原组织、气孔及气室等的构造。

藓齿吸湿运动的观察,其方法是:将成熟的孢蒴连蒴柄剪下,把蒴柄插在一条白纸中央的一个小孔中。尽量使孢蒴紧贴于纸面上,使孢蒴直立起来,然后置于解剖镜下观察。左手用镊子按住白纸条,使孢蒴固定,右手用解剖针轻轻去掉蒴帽、蒴盖,于是藓齿就暴露出来了,通过用口哈气和干燥,内外藓齿就可进行干湿运动。

五、作业和思考题

1. 根据实验所观察的材料绘地钱和葫芦藓生活史简图。

2. 藓齿的干湿运动与其结构有什么关系? 这种运动对孢子散发有何意义?

3. 苔纲和藓纲的主要区别是什么?

4. 苔藓植物为什么能在陆地上生活? 为什么说它们是植物界进化的一个盲枝?

实验二十　蕨类植物生活史及代表植物个体发育

蕨类植物是原始的维管植物,孢子体有根、茎、叶的分化,具有维管束组织,配子体不发达,生活史中孢子体占优势,为明显的异形世代交替,但孢子体和配子体均能独立生活。真蕨亚门孢子体发达具大型叶,有叶隙,叶幼时拳卷。孢子囊生于孢子叶的背面或边缘,多聚集成堆,称孢子囊群。配子体很小,绿色自养,常为背腹式,呈心脏形。真蕨亚门是现代蕨类植物最繁盛的类群,约有九千多种。

一、目的和要求

1. 通过对代表植物卷柏、问荆和蕨的观察,掌握蕨类植物及各亚门的主要特征。

2. 了解卷柏、问荆和蕨的生活史及其培养方法。

二、仪器及试剂

显微镜,解剖镜,Noland 固定染色液,6%福尔马林,1%升汞。

三、实验材料

卷柏,问荆和蕨的孢子体和配子体活体材料,标本和切片。

四、实验内容和方法

1. 卷柏属

卷柏属(*Selaginella*)多生于岩缝上,极耐旱,干时枝内卷做一团,色枯黄,遇雨天则舒展,内部绿叶出现,故又称还魂草。

(1)卷柏的采集和培养

卷柏属在全国各地均常见,东北地区有多种,喜生于干旱的岩石缝或山坡土面上,孢子叶穗多7月份成熟,采集压制标本,收集孢子可在室内培养(方法参见蕨的培养)。

(2)孢子体的观察

植物体具有根茎叶之分化,茎上叶片呈四行排列,叶有叶舌。当卷柏的植物体长大后根即行死亡,而由茎上生出根托其上长出许多细长的不定根,呈须状。

孢子叶穗生于枝顶端,四棱形。观察标本,注意小叶在茎上排列情况,并区分营养叶与孢子叶。

(3)孢子叶穗切片观察

取切片在解剖镜下观察孢子叶的排列方式和孢子囊生长的位置。在每片孢子叶的近基部孢子囊的外侧下方有一舌状的叶舌,注意孢子囊的大小之分,大孢子与小孢子形态构造的不同。

2. 问荆

问荆(*Equisetum arvense*)生于草地、河边、砂地的耕地或休闲地,为多年生草本植物,有地上茎与地下茎之分,春季由地下茎生长出无叶绿素、淡褐色的地上直立茎称繁殖枝,顶端长有孢子叶穗,成笔头状。当孢子囊内孢子成熟时,繁殖枝即枯萎。春末夏初由同一地下茎再生出绿色的分枝的营养枝。

(1)问荆的采集和培养

问荆每年4月中旬长出繁殖枝,到5月初大多数已枯萎。采集孢子叶穗用6%福尔马林浸泡保存。将孢子叶穗(孢子叶尚未开裂的)用1%升汞消毒后,放入灭菌的纸袋中,让其自然干燥,可获得大量无菌的孢子用于培养配子体。问荆的营养枝每年 6~8 月都可采到。

孢子体的培养可直接于春季挖取问荆的地下根状茎,栽入花盆中,只要经常浇水,即可长期培养。

配子体培养则可采用土培法和琼脂培养法。

土培法:将细纱装入小花盆内,浇透水后,把问荆的新鲜孢子(采集的孢子最好冰箱保存,室温保存超过 1 星期萌发率极低)撒在湿沙表面,将花盆置于大培养皿中,并经常保持有水,花盆口盖上一块玻璃,置向阳窗台上培养,几天后孢子即可萌芽。

琼脂培养法:在无菌条件下接种孢子进行培养,方法同葫芦藓。可先将消毒后的孢子接种在无菌液体培养基中培养,待萌发为几个细胞后再移入琼脂培养基上,待产生性器官并受精产生幼孢子体后,再移入沙土培养,即可长成成熟的孢子体。培养时只需室温,放在向阳窗台上,经常保持湿度即可。

(2)孢子体的观察

取问荆标本区分营养枝和生殖枝。

取问荆孢子叶穗观察,可发现孢子叶穗由六角形的孢子叶所组成。用镊子取其孢子叶,置解剖镜或放大镜下观察,可见到孢子叶为六角形带柄的盾状,盾的边缘悬垂着 5~10 个孢子囊,再取下一个孢子囊轻轻压破,制成装片,在低倍镜下观察,可见许多绿色圆形孢子外面的无色弹丝在弹动,然后轻轻地向载片哈口气,观察弹丝的干湿变化。如果是观察浸制的标本,因有固定液浸泡,弹丝弹动的不甚明显,可将载玻片在酒精灯上稍烘烤,迅速在显微镜下观察,仍能看到弹丝弹动的现象,试分析弹丝在问荆孢子散发中的作用。

问荆的配子体具有背腹性,由多层细胞组成,呈垫状组织,雌雄异体,雄配子体裂片少,精子器长在裂片顶端,雌配子体裂片多,颈卵器长在二裂片之间的基部。

3. 蕨

(1)蕨的采集与培养

蕨(*Pteridium aguilinum*)的孢子体和配子体完全分离生长,配子体很小,野外不易采到。配子体的发育过程及有性生殖过程就更难观察到了,因此只有通过室内培养,才可能看到它们的全部发育过程。

蕨一般生长于山坡稀疏的树林下,除极地、草原和荒漠外,几乎到处都有生长。要培养蕨的配子体,首先要得到孢子,培养配子体最好采用当年所采集标本上取下的孢子,这样容易获得成功。孢子产生在孢子体上小羽状复叶背面边缘的孢子囊内。蕨的孢子体在东北地区每年 6 月 ~7 月下旬成熟,成熟的孢子囊群呈现棕褐色。

采集时将孢子囊群已成熟的小羽叶取下,放入已消过毒的纸袋内,然后夹入标本夹内带回实验室。培养时,用镊子轻轻地将小羽叶上孢子囊剥下,孢子即散出,然后在解剖镜下用针将孢子囊壳及杂物挑到边上,底下黄色粉末状的即是孢子。

培养基可采用液体培养基、琼脂培养基和土壤培养基(配法见葫芦藓)。液体培养可用大标本瓶或方形培养缸,琼脂培养基可用培养皿为培养容器。容器、和培养基及用具需 121 ℃灭菌 15 ~20 min,或在蒸锅中蒸一下。土壤培养基用清洁花盆,装置与培养葫芦藓同。

取消毒过的标本瓶(或方缸),内盛 1/2 容量的改良克诺普培养液,缸内放一块经灭菌的新花盆或碎瓦片,使花盆的 2/3 浸没于水中,装置准备好后,将当年所采的蕨孢子粉用消毒过的毛笔撒放在培养器内的花盆底面上,然后加盖盖严。上述装置最好同时做两份,一份供随时观察用,一份不打开玻璃盖,作长期培养,以免杂菌带入,培养装置放在向阳窗台上或温暖环境下培养,15 ~18 ℃室温下,培养 1 个月左右,在花盆底上可见有绿色小点,即为蕨配子体。

为了连续观察蕨的孢子萌发全部过程,可采用琼脂培养基。但培养皿内培养基厚度必须增加,以免配子体尚未长成,琼脂就干燥。培养时,将孢子用无菌水做成悬浮液,用吸管接种到固体培养基上。这样孢子在培养基上分布均匀,长成配子体后不会因相互挤压而影响发育。接种好后,将培养皿放在阳面窗台上培养,随时用解剖镜观察孢子萌发情况以及发育成配子体的形态特征,雌雄生殖器的产生,精子放出和胚的形成。必要时,用镊子把材料取出,封片在显微镜下观察。

培养在培养缸内或琼脂培养基上的材料,当幼孢子体产生后,就会出现营养供应不足,所以应将幼孢子体及时移到土壤培养基上继续培养,可以使幼孢子体长成孢子体植物。

(2)蕨的孢子体外部形态

取蕨的腊叶标本观察孢子体结构,孢子体分根、茎、叶三部分,根一般生在地下的根茎上,地下茎为多年生,向上生长多数直立近三角形的蕨叶,叶丛生,幼期叶顶端螺旋状卷曲,叶革质,柄细长,2～3 回羽状分裂,在小羽状复叶的背面长有许多连续排列的孢子囊,形成孢子囊群,孢子囊成熟时为黄褐色,其上有薄膜状囊群盖覆盖,用解剖镜或放大镜观察其外形。

取一小部分小羽叶置载玻片上,用镊子细心地将一部分孢子囊刮下,在低倍镜下观察孢子囊及孢子的形态,注意观察孢子囊的构造,也可将蕨叶经孢子囊做徒手切片观察。蕨叶横切片上可见孢子囊基部具柄(柄有长短之分),孢子囊上环带纵生不完整,约有 16 个厚壁细胞组成。环带的内壁及横壁极厚,外缘壁较薄,环带的另一边生有数个薄壁细胞,其上有 2 个狭长的唇细胞,当孢子囊成熟后,唇细胞开裂,环带细胞吸水膨胀,将孢子弹出。

(3)孢子萌发及配子体的形态观察

用吸管取培养的材料一滴,封片在显微镜下观察孢子萌发的情况。取已培养好的蕨配子体材料,制成封片,在低倍镜下观察配子体的形态,可见配子体呈扁平心脏形,顶端凹陷处为绿色的顶细胞(生长点),中部有几层细胞厚,四周仅一层细胞厚,形小,腹面有许多假根。颈卵器生长在缺口处较厚的部分,并有突出的短颈。精子器大部分生于有假根的部位,呈球状,突出于体表,精子器由三个细胞组成,精子器成熟后,精子即可放出。

(4)精子器内精子释放的观察

用消毒过的镊子取成熟的配子体,将其腹面朝上置于载玻片上,然后加一滴蒸馏水以刺激精子释放,在显微镜下注意观察精子逐渐逸出的情况。刚放出的精细胞被一层薄膜所包围,成一团球形,暂不游动,待一分钟后,薄膜溶解,精子开始活泼游动。每个精子器内约有 60 个左右精子,在几分钟内精子可全部放出。游动精子呈螺旋状弯曲,在前端具有 20～30 条鞭毛。精子不染色即可看清,也可在载玻片上固定标本后让水分自行蒸发干燥,精子便自然状态,固定在载玻片上,然后加一滴 Noland 固定染色剂处理,封片在高倍镜下观察,精子构造清楚可见,鞭毛也可清晰看见。

(5)幼孢子体的观察

取封片标本显微镜下观察原叶体上由胚发育出幼孢子体的过程。注意其根和茎长出的位置,并比较幼孢子体的形态与成熟的孢子体有何差异。

五、作业和思考题

1. 绘问荆孢子外形及弹丝干湿运动。

2. 绘蕨原叶体腹面观,示颈卵器和精子器。

3. 绘蕨的一个孢子囊,示各部分构造。

4. 怎样区分问荆的营养枝和生殖枝?

5. 比较蕨的生活史与葫芦藓生活史有何不同?

实验二十一　裸子植物——松的个体发育

　　裸子植物是介于蕨类和被子植物之间的一群维管植物。最突出的特征是具有裸露的种子;孢子体非常发达,全为木本,大型叶;配子体细小,完全寄生在孢子体上,雄配子体后期发育成花粉管,受精过程摆脱了水的限制。此类植物大多数已绝灭,现存者约为 800 种左右,我国种类最多,其中有很多称"活化石"。

一、目的和要求

　　通过对代表植物油松的观察,掌握松的生活史和裸子植物的主要特征。

二、仪器及试剂

　　显微镜,解剖镜,醋酸洋红。

三、实验材料

　　油松的雌、雄孢子叶球标本及其纵切片,球果及种子胚的纵切片。

四、实验内容和方法

1. 油松孢子体形态观察

　　生活的油松为乔木,幼树树冠塔形,老时分层明显。油松的树皮具鳞片状裂纹、成片状剥落,内部呈黄色。注意区分长枝和短枝,观察当年新长叶子的形态,针叶较长为 2 针一束。

2. 雌雄孢子叶球观察

　　油松是雌雄同株,花单性,雄孢子叶球多簇生于当年长枝的基部。雌孢子叶球 1~2 个生于当年长枝的顶部,紫红色。

3. 花粉粒观察

取一个雄孢子叶球,用解剖镜或放大镜观察,小孢子叶(雄蕊)小,叶状,螺旋状排列于短轴上。用镊子取一片小孢子叶在低倍镜下观察其背面着生的 2 个小孢子囊,用针将小孢子囊划破,使花粉粒(小孢子)散出,去掉小孢子囊,加一滴醋酸洋红染色,盖上盖片,在显微镜下观察花粉粒的结构。花粉粒两侧由外壁形成两个气囊。成熟的花粉粒具有 4 个细胞,即退化的第一、第二营养细胞,生殖细胞和管细胞。由于两个营养细胞只剩两道痕迹,所以要反复调好焦距方能看清;染色时间稍长(约 5 min),生殖细胞和管细胞的核也能被染清楚。如果花粉粒未成熟,有时只能看到 2~3 个细胞。

4. 珠鳞、苞鳞和胚珠观察

取雌孢子叶球纵切片在显微镜下观察珠鳞、珠被、珠孔、珠心、苞鳞等构造。注意珠鳞与苞鳞是否分离,油松的胚珠在珠鳞上的着生方向,及珠孔的方向。胚珠有一层珠被,珠心有一个大孢子母细胞。如果取一个雌孢子叶球用针挑 1 个大孢子叶,在显微镜下可明显看到珠鳞上有 2 个胚珠。

5. 油松成熟的球果和种子观察

取标本观察球果的结构,此时仍能看出种鳞与苞鳞是分离的。油松的种鳞由珠鳞木质化而来,种鳞的顶端扩大成鳞盾,鳞盾中部隆起为鳞脐。

油松的种子具翅,是由珠鳞的部分表皮分离出来而形成的。取种子的纵切片,在显微镜下观察种皮(外种皮,中种皮,内种皮)、胚乳和胚(子叶、胚芽、胚轴、胚根、胚柄)各部分构造。

6. 油松茎的结构

松柏类植物的茎与木本双子叶植物的茎非常相似,也是由表皮、皮层和维管柱三部分组成它们。形成层的分裂活动形成了次生木质部和次生韧皮部,使茎不断加粗。

松柏类植物的茎与木本双子叶植间的茎之间的不同之处在于裸子植物的木质部一般不含导管和纤维,以管胞作为输送水分的输导组织;韧皮部中不含筛管和伴胞,以筛胞作为输导组织;此外,松柏类的木质部和韧皮部里都具有分泌树脂的树脂道。

成熟的管胞是一个具有完整细胞壁的死细胞,呈长纺锤形,壁厚而木质化,上面有许多具缘纹孔,而筛胞则是细长的生活细胞。

(1)油松茎横切片观察

周皮:位于横切面最外侧,由木栓层、木栓形成层和栓内层组成。木栓层细胞可分为薄壁的与厚壁的两种类型。永久制片中染色深的是厚壁的木栓细胞,可见其细胞壁呈层状加厚,壁上有许多纹孔,并可看到明显的纹孔道。薄壁的木栓细胞染色很浅。木栓形成层和栓内层都是生活的细胞,这些细胞中都具有细胞核。

皮层:大而薄壁的具细胞间隙的生活的薄壁细胞构成了皮层,其中分布有树脂道。在横切面上树脂道为一大的孔隙,周围整齐地、紧密地排列着一层形状较小的生活的上皮细胞。

次生韧皮部:次生韧皮部细胞呈扁长方形,细胞壁薄,在半径方向上整齐地排列着筛胞。由于形成层的活动,茎不断加粗,挤压了外部的韧皮部,在永久制片上可清晰地看到被挤压而变形的筛胞。另外还可以看到被染成深褐色的韧皮薄壁细胞和射线薄壁细胞。

形成层:形成层是位于韧皮部内方的一层扁长方形的生活细胞。由于它分裂的细胞还未分化成熟,因而在制片上看到的是数层排列极为整齐的细胞。

木质部:其中大部分细胞是管胞(图2.17(a)),它兼行输导和支持的功能。木质部中无典型的纤维,木射线含有薄壁细胞,也含有射线管胞。射线管胞在射线方向上延长,无原生质体,具加厚的木质化的次生壁,壁上有具缘纹孔。木质部和韧皮部中都有树脂道。

松茎横切片中央是薄壁细胞构成的髓。

(2)油松茎木质部径向切面观察

茎木质部径向切面是通过茎的中心,沿半径而做的纵切片。在径向切面(图2.17(b))上所看到的射线由多列长方形的薄壁细胞横叠着,很像直立的砖墙。

在径向切面上,管胞呈细长形,两端为半圆形,壁上的具缘纹孔由于正好面向我们,呈现出两个同心圆。木射线横列与管胞纵轴垂直。

(3)油松茎木质部切向切面(弦切面)观察

切向切面是垂直于茎的半径而作的纵切面,在切向切面(图2.17(c))上所看到的射线的轮廓为纺锤形,由数个射线细胞构成。管胞呈长梭形,两端尖形。

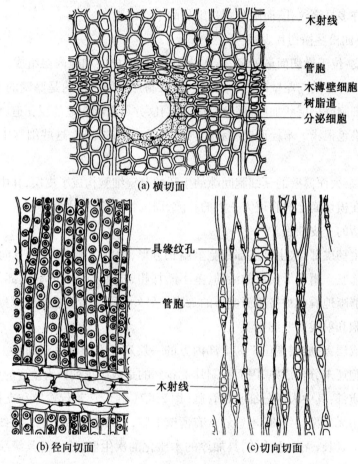

(a) 横切面

(b) 径向切面　　　　　　　　　　(c) 切向切面

图 2.17　油松茎三切面

7. 松叶的结构

松属叶的结构,可以代表松柏类植物叶的类型,表现出耐旱和耐寒的特点。松叶的外形为针状,在一个短枝的顶端长有一个、两个、三个或五个针叶。因种类不同,松叶的横切面可呈卵圆形、半圆形和扇形。

观察松叶横切面的永久制片,注意下列结构(图 2.18)。

(1)表皮

表皮外面有很厚的角质层。表皮细胞排列紧密而整齐,细胞壁很厚。表皮上具有下陷的气孔,在气孔处有两个小的保卫细胞,保卫细胞上面有两个副卫细胞。在表皮层以内有连续的几层厚壁组织细胞,成为硬化纤维状下皮层。

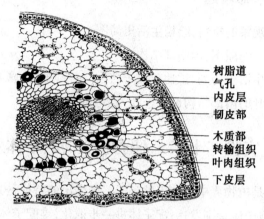

树脂道
气孔
内皮层
韧皮部
木质部
转输组织
叶肉组织
下皮层

图2.18　松叶的结构

（2）叶肉组织

针叶的叶肉组织没有栅栏组织与海绵组织之分,叶肉细胞壁向内凹陷,形成嵴状,增大了壁的表面积,有利于光合作用。叶肉细胞排列比较紧密,细胞间隙小。在叶肉组织中分布着树脂道,它是裂生的腔隙,周围有产生树脂的上皮细胞围绕。

（3）内皮层

在叶肉组织最里面有一层排列整齐的细胞,它们围成一圈,为内皮层。在内皮层的垂周壁上有栓质化的凯氏带,在纵的径向壁上都能见到,在横向壁上,凯氏带呈横在细胞壁上的带状,经番红染色后凯氏带被染成红色。

（4）维管束

叶的中央部分是维管束,也由木质部和韧皮部组成。木质部位于近轴面,韧皮部位于远轴面。无论木质部还是韧皮部细胞均为径向排列。木质部的薄壁细胞与管胞各自成行交替排列。韧皮部主要由筛胞和薄壁细胞组成,也各自成行交替排列。

（5）转输组织

在维管束和内皮层之间的细胞为转输组织,由管胞和薄壁细胞组成,靠近维管束的管胞有些伸长,靠近内皮层的管胞与薄壁细胞形状一样,管胞的壁有次生加厚,壁上能见到具缘纹孔,靠近韧皮部外侧常有细胞质浓厚的蛋白细胞。

五、作业和思考题

1. 根据所观察的材料,绘松生活史简图。

2. 绘松叶横切面图,示内部结构。

3. 以松的生活史为列,试比较裸子植物与苔藓植物、蕨类植物的异同点。

4. 试从松叶的内部结构说明松叶为旱生叶。

实验二十二　双子叶植物的个体发育

被子植物是植物界中最高等的类群。最突出的特征是具有子房,形成果实,种子不裸露;孢子体特别发达;配子体进一步退化,雄配子体后期发育成花粉管,受精过程完全摆脱了水的限制,具有双受精现象。根据种子中子叶的数目,被子植物可分为两个纲:双子叶植物纲和单子叶植物纲。

一、目的和要求

掌握被子植物的主要特征及双子叶植物的特征,掌握双子叶植物的解剖特点。

二、仪器及试剂

显微镜,解剖镜,碘液。

三、实验材料

菜豆种子,蚕豆幼根横切片,蚕豆老根横切片,大豆根瘤横切片,顶芽纵切,向日葵幼茎的横切片,椴树茎一年生、二年生、三年生和多年生横切片,双子叶植物叶的横切片,十字花科,豆科和菊科的花。

四、实验内容和方法

1. 菜豆(双子叶植物)种子的形态结构

取用水浸泡过的菜豆种子(一般用冷水浸泡 24 h,用温水浸泡 12 h 即可),其形状为肾形。在其凹陷的一侧,有一黑色斑痕,为种脐,其相对突起的一侧为种脊。用手指压种脐附近,可看到有水和气泡由一小孔中溢出,此孔就是珠孔,菜豆萌发时胚根由此处穿出。用刀片自种脊处把种皮割开,剥去种皮,剩下的部分是胚。剥出胚,观察下列四个部分:

子叶:习惯称为豆瓣,共两片。注意它的厚度与形状,并比较它与正常的子叶有哪些不同。

胚芽:位于两片子叶之间,胚轴的上端。把两片子叶去掉,用解剖镜或放大镜观察,并借助解剖针解剖,观察胚芽是由生长锥和几片幼叶组成的。

胚根:位于与胚芽相对的一端,有一个光滑的突起,就是胚根。

胚轴:胚根和胚芽相连接的部分,也是子叶着生的部位,分为上、下胚轴。

2. 根的结构

(1)蚕豆根的初生结构

取蚕豆幼根的永久制片,在显微镜下仔细观察其初生结构(图 2.19)。

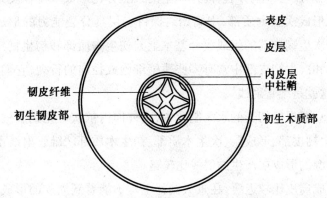

图 2.19　蚕豆幼根横切面轮廓图

表皮:由一层细胞组成,细胞排列紧密而整齐,无细胞间隙。可以看到有的表皮细胞突出形成根毛。

皮层:由多层较大的薄壁细胞组成,具有明显的细胞间隙。在显微镜下,可看到几个大的皮层细胞相邻处,有一小的三角形的区域,这就是细胞间隙。在较老的根中可以看到有 1~2 层排列紧密的外皮层细胞。当根毛枯萎后,它们的细胞壁栓质化,起到保护作用。在内皮层上可以清楚地看到被番红染料染成红色的凯氏带。

维管柱:蚕豆根的中柱鞘一般由一层细胞组成。初生木质部是四原型或五原型,可以看到木质部束的外端由最小的导管组成,而中央的导管比较大。初生韧皮部在木质部束之间形成分散的束。在韧皮部的外侧可看到有染成绿色的厚壁的韧皮纤维束。

(2)蚕豆根的次生结构

取蚕豆老根的永久制片,在显微镜下观察其次生结构。

形成层:形成层首先是由初生木质部与初生韧皮部之间的薄壁细胞恢复分裂能力形成的,然后逐渐向两边延伸,接着中柱鞘对着木质部束的细胞恢复分裂能力,这时,形成层就在初生木质部和初生韧皮部之间形成一个完整的圈。显微镜下看到位于木质部与韧皮部之间的一些径向排列很整齐、形状扁平的薄壁细胞,看上去好似垛叠整齐的砖块,这就是形成层。

次生结构:形成层细胞分裂,向外产生的细胞分化形成次生韧皮部;向内产生的细胞分化形成次生木质部,中间始终保持一层具分裂能力的形成层细胞。次生木质部和次生韧皮部的组成成分基本上与初生木质部和初生韧皮部相同。在次生木质部和次生韧皮部中常有一些薄壁细胞成径向的行列,它们贯穿于次生结构之中,这就是维管射线。

在观察蚕豆老根横切面的永久制片中,由外向内依次可见到表皮、皮层、初生韧皮部、次生韧皮部、形成层、次生木质部、初生木质部。维管射线不太明显,而由中柱鞘起源的形成层产生的射线比较宽。

蚕豆根形成周皮比较迟缓,在永久制片上常不能看到周皮的形成。在根毛死亡的区域残余的表皮下可看到2~3层皮层细胞,细胞壁被栓质浸透,这是外皮层,起保护作用。

3. 根瘤

豆科植物的根系上常常有一些瘤状结构,称为根瘤。根瘤是由于根瘤菌侵入根毛,然后穿入皮层的细胞大量繁殖,同时分泌一些刺激物质,使邻近的皮层细胞强烈分裂,体积膨大,从而在根上形成了瘤状突起。

根瘤菌一方面从皮层细胞吸取水分和养料,另一方面能固定空气中的游离氮,转变成能被植物利用的含氮化合物,成为植物氮素营养的一个来源。因而根瘤菌和高等植物之间存在重要的共生关系。

取蚕豆和大豆的根系,观察根瘤的外部形态。在较幼小的侧根或主根上,有一个个球形的瘤状突起物,表面比较粗糙,且高低不平,有的呈白色或浅绿色,有的呈粉红或红色。根瘤的大小不一,但都明显比根的直径大,它们大多分布在主根或一级侧根上。

取大豆根瘤横切面的永久制片,在显微镜下观察,可以清楚地看到,由于细胞的强烈分裂和体积的增大,使皮层部分畸形增长,形成了瘤状突出物,结果使根的维管柱偏在一边,比例很小。在高倍镜下可以看到皮层细胞中分布有许多染成蓝色的短杆菌,这就是共生的根瘤菌。

4. 茎的结构

（1）茎尖的结构

茎尖和根尖一样,主要由分生组织组成,顶端分生组织连续地细胞分裂并分化形成了植物的地上部分。茎尖和根尖不同,外面没有帽状结构,而是由许多幼小的叶片紧紧包裹。从植物茎尖的纵切面上可以看到,中央略微突起的宽的圆锥体是原分生组织,其基部有对称的成对的小突起,是叶原基。这些叶原基突起越近基部越大,这是幼叶的形成过程。在幼叶的叶腋里的小突起是腋芽原基,永久制片中可以看到基部较大的幼叶的叶腋里已经形成了腋芽。

原分生组织的下面是初生分生组织,此区域的细胞已开始分化为原表皮层、原形成层和基本分生组织。原形成层成束地分散于基本分生组织中,并排列成一圈,与根的初生分生组织不同。

初生分生组织所产生的细胞,继续长大分化,沿茎的纵轴方向伸长,形成伸长区。茎的伸长区要比根的伸长区长得多。

伸长区的下面是成熟区,这部分的原形成层束已发育成为维管束,由初生木质部、初生韧皮部和束中形成层组成。

叶和芽是同起源的,由叶原基或腋芽原基位置处的表面第二、三层细胞平周分裂形成突起,同时,由突起表层细胞垂周分裂而形成。

（2）向日葵茎的初生结构

取向日葵幼茎近顶端横切片显微镜下观察,可见向日葵幼茎的横切面由外到内可分为表皮、皮层和维管柱三部分（图2.20）。

表皮由原表皮层发育而来,为一层排列紧密,形状规则,外侧壁上有角质层的保护组织,表皮层上还有气孔和表皮毛。

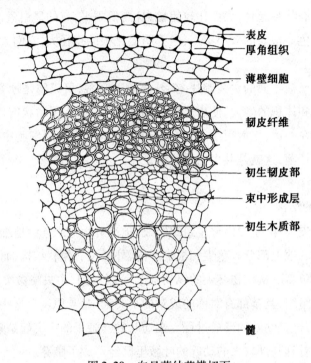

图 2.20　向日葵幼茎横切面

　　皮层由基本分生组织发育而来,细胞的特点与根的皮层细胞类似,但在茎中皮层所占的比例明显比根中的少。皮层的最外部有成束的厚角组织,可以增强幼茎的支持能力。皮层的最内一层细胞常贮藏丰富的淀粉粒,可用碘-碘化钾溶液染成蓝色,这层细胞特称为淀粉鞘。

　　维管柱由维管束、髓和髓射线组成。维管束在皮层的内侧分散排列成一圈,是复合组织。维管束的外部是初生韧皮部,内部是初生木质部,在韧皮部和木质部之间有几层排列整齐而紧密的束中形成层细胞。初生木质部和初生韧皮部的组成成分与根的一样。茎与根的差别在于茎的初生木质部的发育方式是内始式,原生木质部位于木质部的最里面,而根的初生木质部却是外始式。

　　髓位于茎的中央,为具细胞间隙的薄壁细胞,由基本分生组织发育而来。

　　在相邻的维管束之间存在一些薄壁组织,是髓射线,连接皮层和髓,使薄壁组织成为互相联系的系统。

5. 椴树茎的结构

观察椴树一年生、二年生、三年生和多年生茎的横切片。在显微镜下识别周皮、皮层、韧皮部、木质部、维管射线、髓和髓射线（图 2.21）。

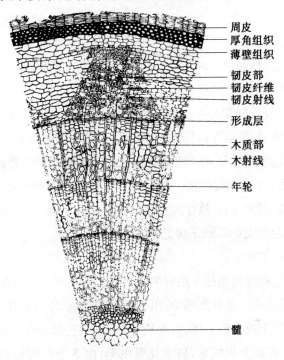

　　　　　　　　　　　　周皮
　　　　　　　　　　　　厚角组织
　　　　　　　　　　　　薄壁组织

　　　　　　　　　　　　韧皮部
　　　　　　　　　　　　韧皮纤维
　　　　　　　　　　　　韧皮射线

　　　　　　　　　　　　形成层

　　　　　　　　　　　　木质部
　　　　　　　　　　　　木射线

　　　　　　　　　　　　年轮

　　　　　　　　　　　　髓

图 2.21　椴树茎横切面

6. 双子叶植物叶的结构

取双子叶植物叶的横切片，显微镜下观察。双子叶植物叶主要由表皮、叶肉和叶脉组成。

（1）表皮

上表皮通常由 1～2 层细胞组成，下表皮由一层细胞组成。部分表皮细胞分化成为保卫细胞，构成气孔，微微向外隆起，气室不显著。表皮细胞正面观呈波纹状，在横切面上，厚度大致相等，方形或矩形，无间隙，表皮细胞外面有角质层。

（2）叶肉

在上下表皮之间为叶肉，是由薄壁细胞组成的同化组织。靠近上表皮的叶肉细胞呈圆柱状一至多层，称为栅栏组织，内含叶绿体。靠近叶下表皮由大型不规则的细胞组成,排列松散,胞间隙大,内含叶绿体,为海绵组织。

(3)叶脉

主要由维管束组成,大的叶脉(主脉)由木质部、形成层、韧皮部组成,在维管束外方有机械组织分化。

7. 花的结构

取十字花科、豆科和菊科的花观察,注意各科花的特点。

(1)白菜花的结构

取新鲜的白菜花或浸制标本,用解剖镜或放大镜观察。每朵花由花梗、花托由4枚花瓣组成、花萼、花冠、雄蕊群和雌蕊群组成。花萼,绿色,由4枚萼片组成,排列成内外两轮;花冠位于花萼内,由4枚花瓣组成,与花萼相间排列,覆瓦式,通常黄色;雄蕊群位于花冠内,由6枚雄蕊组成,排成2轮,外轮2个,间瓣对萼,花丝较短,内轮4个,也是间瓣对萼,花丝较长,故称四强雄蕊,花药长形,顶生,内向开裂;雌蕊位于花的中心,为2心皮合生成复雌蕊,子房上位,2室。

(2)豆科花的结构

取新鲜的大豆或浸制标本用解剖镜或放大镜观察。每朵花由苞片、花萼、花冠、雄蕊和雌蕊构成。苞片有两个,很小,成管形。苞片上生有茸毛,有保护花芽的作用。花萼位于苞片的上部,由5枚萼片组成,色绿着生茸毛,下部联合成管状,上部开裂。花冠为蝴蝶形,位于花萼内部,由5个花瓣组成。5个花瓣中上面一个大的叫旗瓣,在花未开放时旗瓣包围其余4个花瓣。旗瓣两侧有两个形状和大小相同的翼瓣;最下面的两瓣基部相连、弯曲,形似小舟,叫龙骨瓣。

花冠的颜色分白色、紫色两种。雄蕊在花冠内部,共10枚,其中9枚的花丝连在一起成管状,1枚分离,花药着生在花丝的顶端。雌蕊被雄蕊包围,位于花的最中心,包括柱头、花柱和子房三部分。柱头为球形,在花柱顶端,花柱下方为子房,一室,内含胚珠1～4个,子房发育成荚果。

(3)菊科花的结构

取新鲜的向日葵花或浸制标本用解剖镜或放大镜观察。头状花序生于枝顶,花序轴扁化,外面由绿色苞片构成的总苞包围;总苞内为舌状花生于花序边缘,花内雄蕊退化,雌蕊一枚,黄色。舌状花内为管状花生于花序中心,花冠连成筒状,为两性花,中心生1雌蕊,柱头2裂,子房下位一室,围绕花柱生长着5枚聚药雄蕊。

五、作业和思考题

1. 绘根初生结构和次生结构简图。

2. 绘茎初生结构和次生结构简图。

3. 绘双子叶植物叶的结构简图。

4. 绘十字花科和豆科花的结构简图。

5. 比较根初生结构和次生结构。

6. 比较茎初生结构和次生结构。

7. 总结十字花科、豆科和菊科的主要特征。

实验二十三 单子叶植物的个体发育

一、目的和要求

掌握单子叶植物的特征及其解剖特点。

二、仪器及试剂

显微镜,解剖镜,碘液。

三、实验材料

小麦种子纵切片,葱根的永久制片,鸢尾根的永久制片,小麦根的永久制片,玉米茎的横切片,小麦茎的横切片,小麦叶横切片,小麦种子,幼苗及复穗状花序。

四、实验内容和方法

1. 小麦种子的形态结构

取已浸泡好的麦粒(浸泡方法同菜豆种子),观察其外形,然后用刀片沿其纵沟切为两半。用解剖镜或放大镜观察,试区分果皮与种皮、胚和胚乳三部分。最后可用碘-碘化钾溶液染色,观察染色效果。

取小麦麦粒纵切片做进一步观察。自外向内,首先看到的是由死去的厚壁细胞和薄壁细胞(大多已挤压变形)组成的果皮和种皮,在它们之间分不出界限。紧接果皮和种皮的是一层排列整齐,细胞较大,细胞核明显,细胞质较浓厚并充满颗粒的糊粉层。这层细胞中含有脂类和贮藏蛋白质。胚乳占整个切片的大部分,胚乳细胞内可见大小不等的淀粉粒,其中央还可以看到黑色的脐点。

在种子纵切片的一侧为胚。大的盾片与胚乳细胞相接触,在盾片的相对一侧有一小的突起,为外胚叶,由于外胚叶很小,如果切片没有切正,则看不到。在胚轴的上端,可看到胚芽的结构,在切片上识别出胚芽鞘、真叶和生长点。有的切片上还能看到腋芽。在胚轴的下端,可看到胚根鞘,在其内有根冠和生长点。

2. 单子叶植物根的结构

(1)根尖的结构

取 25～30 ℃温箱中培养 3～4 天的小麦幼苗,此时的幼苗只露出一个不长的由胚芽鞘包着的胚芽,以及 2～3 条 1～2 cm 长的幼根。用解剖镜或放大镜观察根的外部形态、根毛发生的部位和根毛的形态。

用刀片截取 0.5～1 cm 长的根尖(带有一部分根毛)。将截取的根尖置于盛有碘液的培养皿内,过 0.5～1 min 后取出根尖,放在载玻片上,加一滴蒸馏水,盖上盖玻片,在低倍物镜下观察根尖的分区。可以看到根的最前端的帽状部分细胞内有染成深蓝色的颗粒物(这些深蓝色颗粒是淀粉粒),此部分即是根冠区;根冠区后面细胞密集,细胞质浓厚,细胞核大的部分是分生区;再向后细胞逐渐伸长的部分是伸长区;表皮细胞向外突出形成根毛的部分是成熟区。

根冠:位于根尖的最前端,像一个圆锥形的罩子保护着分生组织。根冠由许多薄壁细胞组成,细胞中常含有淀粉粒。它的外层细胞因根生长时与土壤颗粒摩擦损伤而脱落。同时,分生组织的细胞不断分裂,产生新的细胞来补充,使根冠始终保持一定的形状和厚度。根冠外层细胞被擦伤破损时常形成黏液,以减小根尖与土壤的摩擦力,利于根在土壤中的生长。

分生区:分生区又称生长点,位于根冠之后,由分生组织细胞组成,分裂能力强。分生区不断地进行细胞分裂,使细胞数目不断增加。在横切片上此区域的细胞近似正方形,排列紧密,无细胞间隙,细胞质浓厚,细胞核大,占据整个细胞相当大的部分。

伸长区:位于分生区的上方,细胞逐渐伸长成长方形,离分生区越远细胞的长与宽之比越大,细胞分裂越少,细胞内的液泡也越来越大。此区的细胞在伸长的同时也开始了细胞的分化。它的最外层是原表皮层,以后发育为表皮;中央是原形成层,以后发育成维管柱;原表皮层和原形成层之间是基本分生组织,以后发育成皮层。

根的伸长主要是靠分生区细胞分裂增加细胞数目,以及伸长区细胞的伸长加大长度,特别是细胞的伸长。

成熟区:也叫根毛区,位于伸长区的上方。此区域的细胞已停止伸长,并分化成熟,细胞各自执行自己的生理功能。成熟区最明显的标志就是表皮细胞向外突出形成了根毛,在维管柱中可以看到分化的导管。

在显微镜下仔细观察根毛的分布,包括最短的根毛和长的根毛在根毛区的部位,根毛的发生,与发生它的细胞之间的关系。

(2)葱根的初生结构

葱和鸢尾都为单子叶植物,根中只有初生结构。它们根的结构比较典型,是较好的实验材料。

观察葱根横切片(图2.22),先用10倍物镜观察,然后转换40倍物镜仔细观察表皮、皮层和维管柱。

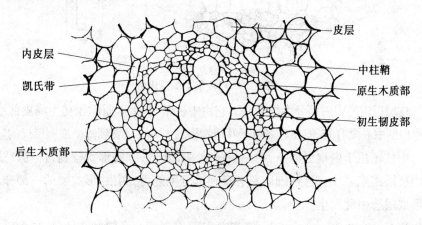

图2.22 葱根横切面

表皮是成熟区最外面的一层细胞,由原表皮层发育而成。为活细胞,细胞壁薄,近似长方体形,排列整齐,无细胞间隙。在永久制片上可看到有些表皮细胞向外突出形成根毛,它是吸收水分和无机盐的主要部位,属于吸收组织。

表皮以内维管柱以外是皮层,葱根的横切面上,皮层占有较大的比例,具有一般根的初生结构的特点。皮层由多层大而薄壁的细胞组成,细胞排列疏松,具较大的细胞间隙。皮层的最外一层紧靠表皮的细胞常排列整齐,无细胞间隙,称外皮层。在较老的葱根的切片上可见到外皮层栓质化的壁被番红染成红色。外皮层细胞壁栓质化,在表皮脱落后起保护作用。

皮层的最内一层细胞较小,排列紧密,在其径向壁和横向壁上有部分带状的加厚,并木质化和栓质化,围绕细胞一周,称为凯氏带(图 2.23)。由于制作植物切片时一般较薄(10 μm),会将大多数细胞切成两半,因而不易看到完整的围绕细胞一圈的凯氏带。用高倍物镜仔细观察,在其被切开的径向壁上,可看到局部区域的细胞壁较其他部分厚,被染成红色(因其在切片上呈点状,故亦称为凯氏点)。内皮层细胞的原生质体较牢固地附着在凯氏带上,使根吸收的水及其溶质必须通过内皮层细胞的原生质体才能进入输导组织,因而凯氏带起着加强控制根内物质转移的作用。

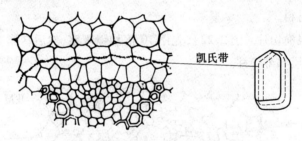

凯氏带

图 2.23　内皮层上的凯氏带

皮层以内的中央部分为维管柱。它由中柱鞘、初生木质部和初生韧皮部组成,在葱根的中心没有髓,但在许多单子叶植物根的中央可以看到薄壁细胞形成的髓。

中柱鞘位于内皮层以里,由一层薄壁细胞组成,细胞形状较扁,排列较整齐,比内皮层细胞略小。这些细胞具有潜在的分生能力,侧根、形成层的一部分及木栓形成层皆由此发生。

葱根的中央是一个大的导管,其他导管排列成 6 个辐射的棱角,是六原型的初生木质部。木质部导管分子大于周围的细胞,又大多木质化而被番红染成红色,因而易于识别。初生木质部由原生木质部和后生木质部组成,原生木质部位于每一束的外面,导管较小;后生木质部位于维管束里面,导管较大。原生木质部先成熟,后生木质部后成熟。

初生韧皮部束与初生木质部束呈相间排列。在葱根的永久制片中,可以看到在相邻的两初生木质部束之间,靠近中柱鞘的一侧,有一些细胞的直径比较大,细胞壁薄,细胞内含有原生质体,但无细胞核,其旁常有直径较小而原生质体更浓的细胞,它们都被固绿染成绿色,这就是韧皮部。直径较大的细胞是筛管分子,旁边的小细胞是伴胞。

葱根的结构代表着一般根的初生结构。各种植物根的初生结构的差别主要是木质部束的数目不同,例如萝卜、甜菜是二原型的,蚕豆是四原型的,而棉花则是五原型的。

(3)鸢尾根的内皮层结构

鸢尾根和葱根一样只有初生结构,没有次生加粗生长,而是在老根的内皮层细胞壁上形成了五面加厚。

鸢尾根的内皮层结构在早期和葱根相同,但很快就在内皮层细胞壁上堆积栓质,以后,所有的内皮层细胞壁除了外面的壁以外,其他各面都加厚,而且强烈地木质化。在横切面上内皮层细胞呈现出特殊的"马蹄"形。在内壁和两侧壁上具有明显可见的有层次的厚壁,只有外壁较薄。

3. 单子叶植物茎的结构

玉米茎节间横切片的观察:

玉米茎最外面的表皮细胞的外壁上有较厚的角质层。表皮下为数层壁厚而木质化的厚壁细胞,有机械支持作用。其内是薄壁细胞的基本组织,其中散布着许多维管束。

玉米茎的维管束为外韧维管束。木质部由 3~4 个较大的导管组成,呈"V"形排列,上端的两个大导管是后生木质部,下端由两个直径较小的导管组成了原生木质部。在茎的继续伸长中,原生木质部的导管往往因拉扯而被撕坏,成为一个空腔留在维管束中。韧皮部同样由筛管、伴胞和韧皮薄壁细胞组成。原生韧皮部被挤压至最外面,已失去功能。木质部与韧皮部之间没有形成层。在维管束的外边有数层厚壁细胞将其包围,这是由纤维形成的维管束鞘(图2.24),大大增强了茎秆的机械支持力量。

4. 小麦叶片的结构

小麦是单子叶禾木科植物,和一般禾本科植物的叶的结构相似,由表皮、叶肉和叶脉组成,它的叶脉为平行叶脉。取小麦叶片横切面,显微镜下观察以下结构(图2.25)。

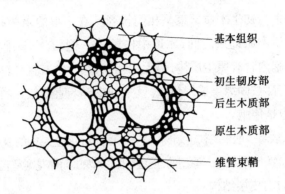

图 2.24　玉米茎的一个维管束

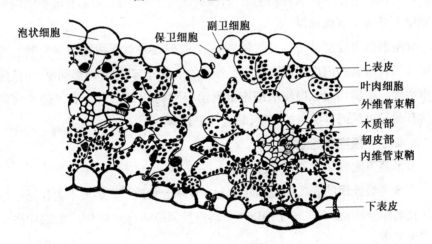

图 2.25　小麦叶片的横切面

（1）表皮

小麦叶的上、下表皮细胞排列紧密，外面有角质层覆盖，表皮上有气孔，保卫细胞呈哑铃型，较小，副卫细胞略大。表皮细胞大小不一，排列在不同的水平面上，相隔几个细胞有几个大的细胞，其中有一个最大，这些细胞含水多，称为泡状细胞，当天气热，干旱时，泡状细胞失水，使得叶子向上卷曲，因此这些细胞又称为运动细胞，具有减少水分过多损失的功能。

（2）叶肉组织

小麦叶为等面叶，叶肉组织没有栅栏组织和海绵组织之分，细胞间隙小。可将小麦叶肉细胞离析成单个细胞，以便观察叶肉细胞的立体结构。

(3)叶脉

小麦叶脉为平行叶脉。显微镜下观察小麦叶横切片,可见叶脉也是由木质部和韧皮部组成的。木质部靠近近轴面,韧皮部靠近远轴面,外围有两层维管束鞘,内层维管束鞘细胞小,外层维管束鞘细胞较大,具叶绿体。在维管束的上面或下面,也就是靠近上表皮和下表皮处,有木质化的厚壁组织细胞,使叶片更加坚固,这些细胞总称为维管束鞘延伸区,它们的细胞壁因木质化而被番红染成红色。

5. 小麦复穗状花序的结构

取小麦的复穗状花序在解剖镜下观察,小麦的复穗状花序由穗轴和小穗组成,穗由多轮节片组成,每个节上生一个小穗,小穗的数目因品种和生长条件而异。每个小穗基部有 2 枚颖片(即外颖和内颖),小穗轴上着生有 3 ~ 8 朵小花,通常只有基部 2 ~ 3 朵小花结实,其余败育。每朵小花的外面有外稃和内稃,外稃的中脉常外延成芒。颖和稃都是苞片性质的变态叶。小花则由 2 枚浆片、3 枚雄蕊和 1 枚雌蕊组成。浆片是特化的花被,吸水膨胀后可撑开外稃与内稃,使雄蕊和柱头外露,适应于风力传粉。

五、作业和思考题

1. 绘玉米茎横切面轮廓图及玉米茎中一个维管束的细胞图。

2. 绘小麦叶的结构。

3. 绘小麦种子结构轮廓图。

4. 绘小麦花的结构简图。

5. 比较单双子叶植物根初生结构的异同。

6. 比较单双子叶植物茎初生结构的异同。

7. 比较单双子叶植物叶片结构的异同。

实验二十四　校园裸子植物的调查和检索表的编制

一、目的和要求

调查校园裸子植物的种类和分布,学习植物检索表的编制方法。

二、仪器及试剂

《黑龙江植物检索表》,笔记本,放大镜,铅笔,剪枝剪,小锹,标本夹,标签,吸水纸,台纸,针,线,浆糊等。

三、实验材料

校园裸子植物,未上白纸的标本数份。

四、实验内容和方法

1. 调查校园室外栽培的裸子植物

红松,油松,樟子松,红皮云杉,落叶松,圆柏,侧柏等。

2. 植物分类检索表的编制

植物分类检索表是识别鉴定植物时不可缺少的工具。一般运用植物体之间共同的形态和其各自区别的特征而编制,最常用的是科、属、种的检索表。

（1）原则

检索表的编制是根据法国人拉马克（Lamarck,1744—1829）的二歧分类原则,把原来的一群植物相对的特性特征分成相对应的 2 个分支,再把每个分支中相对的性状又分成相对应的 2 个分支,依次下去,直到编制的科、属或种检索表的终点为止。各分类等级,如门、纲、目、科、属、种均可编制成检索表。

（2）检索表的种类

检索表的格式通常有定距式（等距式）与平行式两种。

我们常用的是定距式检索表,《中国植物志》、《黑龙江植物检索表》等均为这种形式的检索表,其特点是将不同类群的植物的每一对相对应的特征给予同一号码,排列在书页左边彼此间隔一定距离处,并采用渐次内缩的排列方法（即每一对相对特征均比上一对相对的特征内缩一格）,将一对对相对特征依次编排下去,直至排列到出现科、属、种等各分类等级的名称为止。如高等植物分门检索表（定距式）如下:

1. 植物体无花、无种子,以孢子繁殖。

　2. 植物体有茎、叶分化或为扁平的叶状体,无真根和维管束 …… 苔藓植物门

　2. 植物体既有茎、叶分化,也有真根和维管束 ………………… 蕨类植物门

1. 植物体有花,以种子繁殖。

 3. 胚珠裸露,不包于子房内……………………………… 裸子植物门

 3. 胚珠包于子房内 …………………………………… 被子植物门

 平行检索表是将不同类群的植物的每一对相对应的特征给予同一号码,相邻编排在一起,两两平行,每一自然段均顶格,故称为平行检索表。在每段特征描述之末,标有继续查找的指示数字(号码),引导读者查阅另一对相应的特征,以此继续下去,直到查到与特征相符的某一类群的名称(科、属、种等各分类阶层的名称)为止。如高等植物分门检索表(平行式)如下:

 1. 植物体无花、无种子,以孢子繁殖………………………………… 2

 1. 植物体有花,以种子繁殖 ………………………………………… 3

 2. 植物体有茎、叶分化或为扁平的叶状体,无真根和维管束 … 苔藓植物门

 2. 植物体既有茎、叶分化,也有真根和维管束 ………………… 蕨类植物门

 3. 胚珠裸露,不包于子房内…………………………………… 裸子植物门

 3. 胚珠包于子房内 …………………………………………… 被子植物门

五、作业和思考题

 1. 通过植物检索表的检索对松科、柏科的植物加以辨认,记录各种植物的主要区别特征。

 2. 按种子植物检索表的编制方法将提供的标本(5~6 种)编制一个检索表。

 3. 制作一个校园裸子植物的检索表

 4. 编制平行检索表,把全班同学检索出来。

实验二十五　植物标本的制作

一、实验原理和目的要求

 为了尽可能完好地长期保存植物全部或局部的某些特征,采取必要的物理或化学手段,对植物全株或植物的某一部分,如茎、叶、花、果实等进行加工处理的工作。通过实验使学生掌握标本的制作方法。

二、仪器及试剂

烧杯,量筒,天平,电炉子,载玻片,标签,硫酸,福尔马林溶液,亚硫酸溶液,硼酸,乙醇,氯化钠饱和溶液。

三、实验材料

丁香叶片,白萝卜,红辣椒,番茄,紫色葡萄,杏等。

四、实验内容和方法

目前通用的植物标本制作方法有浸制和干制两大类。

1. 植物标本的浸制方法

对柔软多汁,不易干燥或干燥后易变形的植物材料,多采用浸泡的方法制作浸制标本,根据植物材料颜色的不同可采用不同的制作方法,包括固定和保存两个步骤。

(1)绿色标本的制作

将绿色植物材料洗净后浸在 5% 的硫酸铜溶液中,直到材料由绿色变为黄色再由黄色变为绿色为止。此时可取出材料洗净,然后浸到 5% 的福尔马林溶液中保存。

(2)黄色或浅绿色标本的制作

这些标本较易保存,如柚子、柑橘、杏、梨等可以直接保存于 0.15% ~ 0.5% 的亚硫酸溶液中。

(3)白色标本的制作

将白色的花与块根,如白萝卜、茭白等洗净后放在 1% ~ 4% 的亚硫酸溶液中,然后长时间置于日光下曝晒漂白,直到标本晒成白色且比较坚硬为止。

(4)红色标本的制作

植物体某些红色器官,如红辣椒和番茄的果实,洗净后要先浸在处理液中(用 4 mL 福尔马林、3 g 硼酸溶于 400 mL 水中配成),约 1 ~ 3 d 后果实即变成褐色,此时可取出果实向里面注射少量用 20 mL 10% 的亚硫酸、10 g 硼酸和 580 mL 水配制而成的保存液,随后将果实长期浸泡在这种保存液中,逐渐恢复成原来的红色。

（5）紫色标本的制作

紫色葡萄等果实洗净后要先在 250 mL 福尔马林、500 mL 氯化钠饱和溶液再加 4 350 mL 蒸馏水配制成的处理液中浸 2～3 个月,取出后洗净,放入 1%～2%的福尔马林液中长期保存。

2. 植物标本的干制方法

对含水量较少,易于干燥,干燥后又不易变形的植物材料可采用冰冻干燥、微波干燥、真空干燥、硅胶干燥和吸水纸压制等物理方法进行强制性脱水。也可以首先进行必要的化学处理,然后再进行脱水干制。根据处理方法的不同,干标本的制作方法可分为以下 3 种:

（1）腊叶标本制作

采集的植物标本经过整理、压制、干燥、消毒、装订、贴记录签和鉴定签等步骤,即成为腊叶标本。首先要备齐足量的吸水纸(可用报纸代替),将纸铺在植物标本夹上,把清理和整形后的标本放到报纸上,用镊子在纸上进行姿态纠正,然后盖上几层报纸,纸上再放置标本,标本上再覆盖报纸,这样一层层叠起来夹到标本夹里,用绳子将标本夹勒紧,以便报纸更快地吸干植物体中的水分。标本夹放在有阳光、通风的地方,其间要及时换纸,最初每天换 1～2 次,而后可隔 2～3 天换一次,换下的纸要晒干,以备下次再用,一直换到标本干透为止。在第一次换纸时要对标本进行再一次的整形,尤其是花和叶要平展,并保证在标本正面要能看到花和叶的背面特征。干透的标本要装贴到台纸上,台纸的大小一般为 26 cm×36 cm,台纸的右下角应贴上标签,最后粘贴半透明的护盖纸。

（2）原色覆膜标本制作

先将绿色的枝叶和花朵分离,对绿叶和不同颜色的花朵采用不同的化学方法处理。处理方法可以选用浸制有色标本的方法,也可选用以下方法:

绿色枝叶的处理:将醋酸铜加入 50%的醋酸溶液中制成醋酸铜的饱和溶液,1∶4 加水稀释后放入植物材料,加热并使温度保持在 75～85 ℃之间。此时绿色枝叶逐渐变黄,要继续加热使其恢复成原来的绿色后,立即停止加热,然后将标本从溶液中取出,用清水洗净,放到报纸上,置于标本夹中加压,并要注意及时换纸。也可将标本夹放入真空干燥箱中抽真空,同时可加热到 75 ℃左右。

红色花的处理:可在 2%的酒石酸溶液中浸 10～20 min。

紫色花的处理:可在 2% 的硫酸铝溶液中浸 10~20 min。

浸过的花朵从溶液中取出后要洗净、脱水。脱水方法与枝叶相同。干透的枝叶、花朵要及时装贴到台纸上,并在台纸的右下角贴上标签,最后送到护卡机里进行高温覆膜。

（3）原色立体标本制作

取带有花的植物枝叶装入盛有粒度为 20~50 目的硅胶颗粒容器里,并将植物全部埋没,约 10 d 左右标本可干透,即可从硅胶中取出,立即密封到盛有少量干燥剂的标本瓶中长期保存,也可将标本封铸到无色透明的人工合成高分子材料中保存。

五、作业和思考题

1. 制作不同类型的浸制标本。

2. 采集喜欢的树叶制作绿叶标本送给同学。

实验二十六　　植物生态及认知实习

一、实习目的

1. 了解东北地区生态特点及植物在不同生态环境下的特点及分布。

2. 掌握典型科、属的特征,认识典型环境下的典型植物。

3. 学习查阅植物检索表。

4. 掌握植物标本的制作方法。

二、实习地区的环境条件

黑龙江位于我国的东北地区,属于北温带季风性气候,气候特点是:冬季寒冷、漫长、干燥;夏季短促、凉爽、多雨。黑龙江省山地、平原交叉分布,地势大体东南略低,西南、东北低平。由于地形不同,东北地区又分成东部山区和西部草原。东部山区相对离海近,降雨较多,雨期亦较均匀,气候湿润,又由于有林区覆盖,使该地区风小,且减少了蒸发,无旱情。西部草原相对离海远,无林木覆盖,为平原,风大,即使遇到冷空气也会被风吹散,不形成降雨,因此,春季多风少雨,水分蒸发快,出现春旱。由于东、西部气候条件的不同造成了植被分布上的差别。一些植被是山区所特有,而另一些植物是草原特有,还有一些植物适应能力较强在山区和草原均有分布。

1. 东部山区

玉泉、帽儿山位于东部山区,特有的地带性乔木树种是红松、椴树、蒙古栎和水曲柳,它们共同组成东北地区的红阔混交林。

林区的环境又可分为以下几种:

(1)林区路边

这种环境是人为活动造成的,环境空旷、干旱,通常生长耐旱、耐践踏、抗性较强的植物,一般种子量大,成片出现。

(2)干山坡(山体阳坡)

山体阳坡无高大树木覆盖、干旱、土壤含水量低,分布的植物较耐旱,植物体的许多部分都产生了适应干旱的特点,如深根系、体表被棉毛等。

(3)阴坡林下

该区域土壤肥沃、含水量多,光照弱,植物体不仅耐阴而且喜阴,这些植物在干山坡上是看不到的,即使有分布形态上亦有较大差别。如生长在干山坡上的连钱草植株矮小、叶小、色黄,而在阴坡上生长的连钱草,植株高大、叶大、色绿、含水多。

(4)湿地、水边

位于山沟、山根,水分多,植物体含水量大。

2. 西部草原

五里木位于黑龙江省西部草原地区的典型代表为五里木。该地区属于三肇盐碱地域,无森林覆盖,风大,即使遇到冷空气也会被风吹散,不形成降雨。春季多风少雨,水分蒸发快,蒸发量大于降水量,往往出现春旱。

草原地区又可分为以下四种环境:

(1)路边

这一生态条件同林区路边一样,也是人为活动造成的,空旷、干旱,分布着较耐干旱、耐践踏、抗性较强的植物。分布的植物种类有的与林区路边相同。

　　(2)碱斑(碱疤瘌)附近

　　这一生态环境是过度放牧造成的,由于牛羊过度啃食和人畜的践踏,使有的地面裸露出来,裸露出的地面由于没有植物覆盖,蒸发极严重,蒸发量大于降水量,地表水蒸发掉以后,就使地表深层的水上升,地表深层水上升过程中,将底下盐碱也携带上来,在地表就形成了碱斑。碱斑一旦形成,就很难恢复,因碱斑盐碱较重,只有很少的植物能在其附近生存。如碱蓬、星星草、碱蒿、碱地风毛菊等。

　　(3)草甸草原(杂类草草原)

　　草甸草原位于林区与典型草原之间,五里木附近基本属于这种生态环境。该地区地势低平,一望无际。在碱斑周围,被老百姓称为狗肉地,这里水分相对较多,土壤结构好,生长许多植物,这些植物也都具有耐干旱的特点,因为五里木地区为盐碱地,水中盐碱较多,造成了生理上的干旱。因此,有的植物种类与林区干山坡上的植物相同。

　　(4)典型草原(干草原)

　　典型草原地势较高,海拔在 130 ~ 140 m,较草甸草原高出 20 ~ 30 cm,为岗地,较干旱。如果从五里木向草原内部走远一些可见典型草原。

三、作业和思考题

　　1.总结不同环境条件的特点。

　　2.总结不同环境条件下典型植物的特征。

　　3.采集、识别植物150 ~ 200 种。

第三章　动物生物学基础实验

实验一　动物组织的制片及观察

一、目的和要求

1. 掌握动物组织平铺片、分离片等临时装片和涂片的一般制作方法。
2. 掌握动物的四类基本组织结构特点,理解组织结构与功能的密切关系。

二、仪器及试剂

显微镜,解剖器械,吸管,大头针,棉花,纱布,载玻片,盖玻片,瑞士染液,蒸馏水等。

三、实验材料

活蛙,蝗虫浸制标本,动物四大组织玻片标本。

四、实验内容和方法

1. 制作蛙肠系膜平铺片(铺片法)

从蛙腹腔中完好地剪取肠系膜并平铺于载玻片上是本实验成功的关键。当用眼科剪剪取肠系膜时,应用镊子夹住剪开的膜的边缘,防止膜皱缩成团。用镊子将膜放置于载玻片上后,再用解剖针将膜铺平(图3.1)。

2. 制作蝗虫骨骼肌装片(分离法)

用镊子从浸制的蝗虫标本体壁上取肌肉,用解剖针分离肌丝时越细越好。

3. 制备蛙血涂片标本(推片法)

用吸管吸取蛙血放置于载玻片一端,左手持玻片,右手取一边缘光滑另一载玻片作为推片,将推片的一端置于血滴前方,向后拉与血滴接触,形成血线。以

30°～45°的角度推动上面的载玻片至另一端,使血液形成血膜(图3.2)。

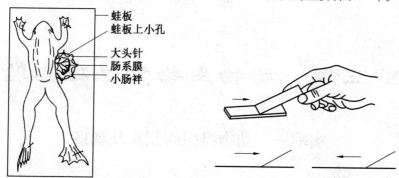

图3.1　蛙肠系膜标本的制备　　　　图3.2　血涂片的制作

用蜡笔在血膜的两端各划一道线,以免染料外溢。将玻片放于水平处,用滴管将瑞士染液滴于涂片上,并盖满涂片,染色半分钟。用滴管加缓冲液(或新鲜蒸馏水)于其上,轻轻摇动,使染液与缓冲液混合均匀,静置5～8 min。用新鲜蒸馏水冲洗。冲洗时将玻片持平,使水自玻片边缘溢出,沉淀物从液面浮去,切勿将染液倾斜,以免沉淀物附在血膜上。斜立血涂片于空气中待干,镜下观察,分辨血液各组成成分。空气中干燥时间过长细胞易变形,影响观察和测量。

4.上皮组织、结缔组织、肌肉组织、神经组织切片

观察各种组织时,应根据其位置特点,先在低倍镜下找到所要观察的组织后,再移至视野中央,转高倍镜仔细观察其结构特点。

五、作业和思考题

1.绘下图之一并注明图中各部分名称:单层扁平上皮、三种肌肉组织、一个多极神经元。

2.在组织切片标本上如何区别各种类型结缔组织?

实验二　原生动物活体观察(大草履虫)

一、目的和要求

1.通过草履虫(*Paramecium*)的观察,掌握原生动物的主要特点。

2.学会探索和观察动物的应激性。

3.认识和理解原生动物的单个细胞是一个完整的能独立生活的动物有机体,并了解一些有经济价值的种类。

二、仪器及试剂

显微镜,体视显微镜,镊子,漏斗架,载玻片,盖玻片,试管,滴管,毛细滴管,玻璃棒,烧杯,量筒,移液管,漏斗,滤纸,精密 pH 试纸,吸水纸,脱脂棉,橡皮吸球等。

蓝黑墨水,冰醋酸,5%醋酸,洋红粉末,1%氯化钠溶液,蒸馏水。

三、实验材料

大草履虫培养液,草履虫分裂及接合生殖的装片。

四、实验内容和方法

1. 草履虫临时装片的制备

为限制草履虫的迅速游动以便观察,先将少许棉花纤维撕松放在载玻片中部,再用滴管吸取草履虫培养液滴 1 滴在棉花纤维之间,盖上盖玻片,在低倍镜下观察。如果草履虫游动仍很快,则用吸水纸在盖玻片的一侧吸去部分水(注意不要吸干),再进行观察。

2. 草履虫的外形与运动

在低倍镜下,将光线适当调暗些,使草履虫与背景之间有足够的明暗反差。观察草履虫的形态,注意体形、体表纤毛、口沟的位置。注意观察:草履虫游泳时的特点,当遇到阻挡物时,虫体游动的变化。

3. 草履虫的内部构造

选择一个比较清晰而又不太活动的草履虫转高倍镜观察其内部构造(图3.3)。注意当草履虫穿过棉花纤维时,其体形的改变。观察紧贴表膜的外质,内部的内质及食物泡、伸缩泡,注意前后两个伸缩泡的主泡与收集管之间的收缩规律。

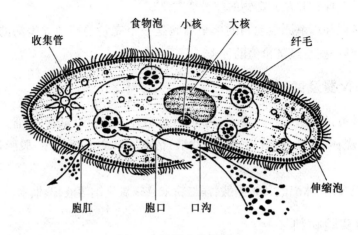

图 3.3　草履虫结构图

4.食物泡的形成及变化

取一滴草履虫培养液于另一载玻片中央,用牙签蘸取少许洋红粉末掺入草履虫液滴中,混匀,再加少量棉花纤维并加盖玻片。立即在低倍镜下寻找一被棉花纤维阻拦而不易游动,但口沟未受压迫的草履虫,转高倍镜仔细观察食物泡的形成,其大小的变化及在虫体内环流的过程。

5.草履虫的应激性实验

（1）刺丝泡的发射

制备草履虫临时装片。在盖玻片的一侧滴一滴用蒸馏水稀释20倍的蓝黑墨水,另一侧用吸水纸吸引,使蓝黑墨水浸过草履虫。在高倍镜下观察,可见刺丝已射出,在草履虫体周围呈乱丝状。

（2）草履虫对盐度变化的反应

用蒸馏水稀释1%氯化钠,配制成0.1%、0.3%、0.5%、0.8%等系列质量分数的氯化钠溶液,分别置于小试管内。

取5块载玻片,第一块滴入蒸馏水作对照,后4块分别滴入以上配制的系列氯化钠溶液。再用毛细滴管吸取密集草履虫培养液,分别滴一小滴于各载玻片的溶液中。混匀,加棉花纤维和盖玻片,制成临时装片,依次置显微镜下观察。草履虫液不宜过多,以免稀释盐溶液;各浓度氯化钠溶液中滴入草履虫液先后间隔时间需掌握好,以保证各盐度刺激草履虫5 min后观察。

（3）伸缩泡收缩频率的变动

在低倍镜下选择 1 个清晰又不太活动的草履虫,转高倍镜观察其伸缩泡的收缩。用秒表记录伸缩泡的收缩周期,重复 3 次计数,取平均值,并推算每分钟伸缩泡的收缩频率。再选择 2 只草履虫,如上计数。然后计算 3 只草履虫伸缩泡的平均收缩频率。

按以上方法观察记录,计算并比较草履虫在蒸馏水和不同浓度氯化钠溶液中伸缩泡的收缩频率。思考在不同盐浓度溶液中草履虫伸缩泡变化的原因。

此外,还注意观察草履虫在 0.8% 氯化钠溶液中时,其体形和运动有何变化。在盖玻片一侧滴加蒸馏水,另一侧用吸水纸吸引,使蒸馏水替代 0.8% 氯化钠溶液,观察这时草履虫的变化,并思考产生变化的原因。

（4）草履虫对酸刺激的反应

配制醋酸溶液:用滤纸过滤草履虫培养液。取冰醋酸和滤液配制质量分数为 0.01% ~0.02% 和 0.04% ~0.06% 的醋酸溶液,分别置试管中。思考:为什么不用蒸馏水而用草履虫培养液的滤液配制酸溶液? 用 pH 试纸测草履虫培养液和所配醋酸溶液的 pH 值。滤纸上面密集的草履虫用少量培养液收集,保存备用。

用滴管吸取密集草履虫的培养液滴于载玻片上,使液滴为直径略小于载玻片宽度的一片圆形液层。将载玻片置于体视显微镜载物台中央,用毛细滴管吸取 0.01% ~0.02% 醋酸溶液,轻轻滴一小滴在载玻片上的草履虫液层中央。滴加醋酸溶液时,最好通过滴管尖端醋酸液滴与玻片上草履虫液面的接触而使酸液缓缓进入草履虫液层中央。在镜下观察草履虫动态,亦可肉眼观察。用 pH 试纸分别轻轻浸入液层中草履虫聚集处和滴入酸液处,检测其 pH 值。

再取一块载玻片,用 0.04% ~0.06% 醋酸重复以上实验,观察草履虫动态并检测液层中草履虫聚集处和滴入酸液处的 pH 值。

分析实验结果,说明草履虫对不同 pH 值的趋性。测出草履虫最喜的酸度。

6. 草履虫的生殖

取草履虫分裂生殖和结合生殖装片,于低倍镜下观察。注意观察草履虫的无性生殖、结合生殖过程。

五、作业和思考题

1. 绘制草履虫放大详图,表示出各种结构,并注出其名称。
2. 单细胞动物有哪些细胞器的分化,各有什么功能?

实验三　水螅的形态结构与生命活动

一、实验原理和目的要求

水螅是腔肠动物门的代表动物,其形态结构与生命活动展示了开始具有原始组织器官分化的最原始的多细胞动物的主要特征。通过观察,有助于了解进化过程中,动物体的结构与机能如何由简单原始的形式逐渐趋于复杂和完善。

通过对水螅形态结构及生命活动的观察,了解腔肠动物门的主要特征。认识腔肠动物在动物进化过程中的重要地位。

二、仪器及试剂

显微镜,放大镜,解剖针,玻璃瓶,大烧杯,小烧杯,吸管(大、小),载玻片,盖玻片,50%的醋酸。

三、实验材料

活水螅,水螅带芽整体装片,水螅横切面和纵切面玻片标本,水螅过精巢和过卵巢横切面玻片标本。

四、实验内容和方法

1. 生活的水螅

将水螅盛于培养皿中,待其完全伸展后,用放大镜观察。水螅体呈圆柱状,附着在物体上的一端,称基盘;另一端为圆锥形突起,叫垂唇。垂唇中央为口,周围有一圈细长的触手。用解剖针轻轻触动一条触手和稍用力触动一条触手,观察它的反应。尝试从结构上去理解两种不同的反应现象。

2. 水螅的切片

先用放大镜观察纵切片,区别出水螅的口端和基盘的一端(图3.4)。再用低倍镜观察,要求认出外胚层、中胶层和内胚层,中央的空腔即为消化循环腔。然后观察纵切的触手,其间是否有腔?与消化循环腔的关系怎样?若有芽体,则观察芽体的胚层与母体的关系。在低倍镜下观察横切片,辨认出组成体壁的内、外胚层、中胶层和消化循环腔。注意内、外胚层的细胞有何不同?

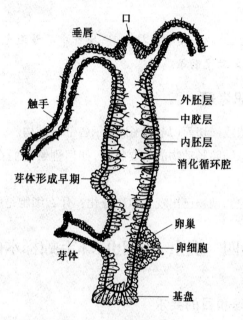

图3.4 水螅的结构

将体壁的一部分移至视野中心,转高倍镜观察。在外胚层中可看到大而结构清楚的外皮肌细胞。在皮肌细胞间,可看到较小的(与皮肌细胞的核大小略等)数个在一起的细胞,称间细胞。那种中央具有一染色较深的圆形或椭圆形囊的细胞叫刺细胞,其囊叫刺丝囊。

内胚层的内皮肌细胞占大多数,细胞大,核清楚,并含有许多染色较深的圆形食物泡;有时可看到较小的细胞,游离缘含有细小的深色颗粒,此为腺细胞。

3. 水螅刺丝的观察

将水螅放在50%的醋酸中浸20 min,取出放于载玻片上,加盖玻片在低倍镜下观察,可见到刺细胞略呈圆形,端部放出一丝,即为刺丝。转高倍镜可看到刺丝囊,细胞放出刺丝的一端有一刺状物称刺柄;还能看到另一种刺丝明显,但无刺柄、呈长椭圆形、较小、结构不甚清楚的刺细胞。

带着以下问题进行观察：

(1)过精巢、卵巢切片：观察精巢、卵巢的结构，它们是从哪个胚层分化来的？

(2)水螅的神经网：神经细胞呈不规则多角状，彼此如何联系？

注意事项：

做水螅实验时，室内一定要保持安静，操作中尽量避免刺激水螅，尤其是不要来回挪动烧杯、震动桌面等。

五、作业和思考题

1.绘水螅纵切或横切面(局部)图，标示各部分结构。

2.根据实验总结腔肠动物的主要特征，如何理解它们在动物进化过程中的重要地位？

3.为什么说腔肠动物已出现了组织分化？什么细胞是腔肠动物所特有的？

实验四　涡虫、人蛔虫、环毛蚓标本的观察

一、实验原理和目的要求

涡虫、蛔虫和环毛蚓分别是无体腔动物、假体腔动物和环节动物的代表动物，通过这三种动物的解剖观察和比较，可以了解这类群动物的基本特征，环节动物的主要进步性特征，以及动物各器官系统的结构和机能在相互联系中的进化发展。

1.学习蠕形动物的一般解剖方法。

2.通过蛔虫的解剖与观察，了解假体腔动物的一般特征。

二、仪器及试剂

显微镜，放大镜，解剖针，解剖盘，解剖器械，水，棉花等。

三、实验材料

涡虫整体装片，横切片玻片标本，环毛蚓，蛔虫横切片玻片标本，人蛔虫浸制标本。

四、实验内容和方法

1. 涡虫的观察

显微镜下观察涡虫整体装片和横切片玻片。参考图3.5,分辨其背腹部,观察三胚层结构等。

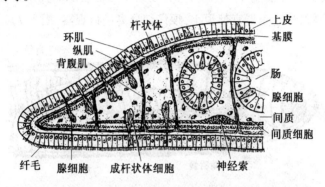

图3.5 涡虫体壁结构示意图

2. 蛔虫的内部构造观察

观察人蛔虫浸制标本,分辨其头尾、雌雄。镜下观察其横切片(图3.6),了解人蛔虫体壁组成、体腔、肠、生殖系统的结构等。

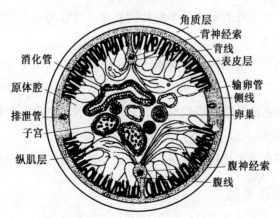

图3.6 人蛔虫的横截面(雌虫)

用解剖针划开浸制标本体壁时,不要刺入太深,以免损坏内部器官。浸制标本中生殖管道较脆,在分离观察时,须仔细,以免将管道弄断。

3. 环毛蚓的内部构造

观察环毛蚓浸制标本,分辨其头尾。镜下观察其横切片,了解环毛蚓体壁组成、体腔、肠、循环、神经等结构。

剪开体壁时,注意避开背中线处的背血管,剪刀尖稍向上挑起,以免损伤内部器官。剪开身体前端体腔隔膜时,勿损伤生殖器官。雄性精巢囊内的精巢和精漏斗,以及雌性生殖器官都很小,须仔细分离进行观察(图3.7)。

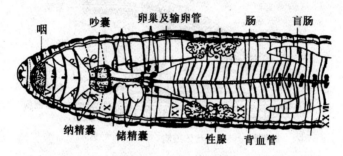

图 3.7　环毛蚓内部结构图

4. 蛔虫和环毛蚓的比较

环毛蚓和蛔虫外形的主要不同点。思考环节动物体节和刚毛的出现有何进步意义。

环毛蚓和蛔虫消化管形态功能的相同点及消化管的分化程度。思考消化管进一步分化的意义。

环毛蚓和蛔虫体壁结构的异同点。思考体壁组织结构与这两类动物身体运动的相关性。

环毛蚓和蛔虫消化管壁组织结构的异同点。思考消化管壁肌肉层的出现与消化方式的关系,以及盲道出现的意义。

环毛蚓和蛔虫体腔位置与构造的异同点。思考真体腔出现的意义。

五、作业和思考题

1. 根据实验观察列表比较蛔虫和环毛蚓在外形、体壁、消化管、循环系统、生殖系统、神经系统及体腔等结构上的异同点。

2. 根据蛔虫和环毛蚓的比较,说明无脊椎动物消化管结构和机能的演变,及其与真体腔形成的关联。

3. 为什么说环节动物是高等无脊椎动物?

实验五　棉蝗浸制标本的解剖及结构的观察

一、目的和要求

通过对棉蝗的外形观察及内部解剖,了解昆虫的一般特征。

二、仪器及试剂

解剖器械,解剖盘,载玻片,盖玻片,培养皿,放大镜,显微镜,甘油等。

三、实验材料

棉蝗的浸制标本。

四、实验内容和方法

(一)外部形态

棉蝗一般体呈青绿色,浸制标本呈黄褐色,体表被有几丁质外骨骼。身体可明显分为头、胸、腹3个部分。雌雄异体,雄虫比雌虫小。

1.头部

位于身体最前端,卵圆形,其外骨骼愈合成一坚硬的头壳。头部可分为以下部分:头壳的正前方为略呈梯形的额,额下连一长方形的唇基;额的上方,两复眼之间的背上方为头顶;复眼以下,头的两侧部分为颊;头顶和颊之后为后头。头部具有下列器官。

(1)眼

棉蝗具有1对复眼和3个单眼。复眼呈椭圆形,棕褐色,较大,位于头顶左右两侧。用刀片自复眼表面切下一薄片,置载玻片上,加甘油制成装片,于显微镜下观察,可见复眼由许多六角形的小眼组成。单眼形小,黄色。1个在额的中央,2个分别在两复眼内侧上方,3个单眼排成一个倒"晶"字形。思考复眼和单眼各有何视觉功能。

（2）触角

1 对,位于额上部两复眼内侧,细长呈丝状,由柄节、梗节及鞭节组成,鞭节又分为许多亚节。

（3）口器

典型的咀嚼式口器。左手持蝗虫,使其腹面向上,拇指和食指将其头部夹稳,右手持镊子自前向后将口器各部分取下(同时注意观察口器各部分着生的位置),依次放在载玻片上,用放大镜观察其构造。

①上唇:1 片,连于唇基下方,覆盖着大颚,可活动。上唇略呈长方形,其弧状下缘中央有一缺刻;外表面硬化,内表面柔软。

②大颚:为 1 对坚硬的几丁质块,位于颊的下方,口的左右两侧,被上唇覆盖。两大颚相对的一面有齿,下部的齿长而尖,为切齿部;上部的齿粗糙宽大,为臼齿部。

③小颚:1 对,位于大颚后方,下唇前方。小颚基部分为轴节和茎节,轴节连于头壳,其前端与茎节相连。茎节端部着生 2 个活动的薄片,外侧的呈匙状,为外颚叶,内侧的较硬,端部具齿,为内颚叶。茎节中部外侧还有 1 根细长具 5 节的小颚须。

④下唇:1 片,位于小颚后方,成为口器的底板。下唇的基部称为后颏,后颏又分为前后 2 个骨片,后部的称亚颏,与头部相连,前部的称颏。颏前端连接能活动的前颏,前颏端部有 1 对瓣状的唇舌,两侧有 1 对具 3 节的下唇须。

⑤舌,位于大、小颚之间,为口前腔中央的 1 个近椭圆形的囊状物,表面有毛和细刺。思考蝗虫口器的各部分作用。

2. 胸部

头部后方为胸部,胸部由 3 节组成,由前向后依次称前胸、中胸和后胸。每胸节各有 1 对足,中、后胸背面各有 1 对翅。

（1）外骨骼

为坚硬的几丁质骨板,背部的称背板,腹面的称腹板,两侧的称侧板。

①背板:前胸背板发达,从两侧向下扩展成马鞍形,几乎盖住整个侧板,后缘中央伸至中胸的背面;其背面有 3 条横缝线向两侧下伸至两侧中部,背面中央隆起呈屋脊状。中、后胸背板较小,被两翅覆盖。用剪刀沿前胸背板第 3 横缝线剪

去背板后部,将两翅拨向两侧,即可见中、后胸背板略呈长方形,表面有沟,将骨板划分为几块骨片。

②腹板:前胸腹板在两足间有一囊状突起,向后弯曲,指向中胸腹板,称前胸腹板突。中、后胸腹板合成一块,但明显可分;腹板表面有沟,可将骨板分成若干骨片。

③侧板:前胸侧板位于背板下方前端,为 1 个三角形小骨片。中、后胸侧板发达,其表面均有 1 条斜行的侧沟,将侧板分为前后两部分。胸部有 2 对气门,1 对在前胸与中胸侧板间的薄膜上,另 1 对在中、后胸侧板间中足基部的薄膜上。

(2)附肢

胸部各节依次着生前足、中足和后足各 1 对。前、中足较小,为步行足;后足强大,为跳跃足。各足均由 6 肢节构成,以后足为例进行观察,基节:足基部第一节,短而圆,连在胸部侧板和腹板间。转节:基节之后最短小的一节。腿节:转节之后最长大的一节。胫节:在腿节之后,细而长,红褐色,其后缘有 2 行细刺,末端还有数枚距。刺的跗节:在胫节之后,用放大镜观察,跗节又分 3 节,第 1 节较长,有 3 个假分节,第 2 节很短,第 3 节较长,跗节腹面有 4 个跗垫。前跗节:位于第 3 跗节的端部,为 1 对爪,两爪间有一中垫。

(3)翅

2 对,有暗色斑纹,各翅贯穿翅脉。前翅着生于中胸,革质,形长而狭,休息时覆盖在背上,称为覆翅。后翅着生于后胸,休息时折叠而藏于覆翅之下,将后翅展开,可见它宽大,膜质,薄而透明,翅脉明显,注意观察其脉相。

3.腹部

与胸部直接相连,由 11 个体节组成。

(1)外骨骼

壳多糖(原称几丁质)外骨骼较柔软,只由背板和腹板组成,侧板退化为连接背、腹板的侧膜。雌、雄蝗虫第一至八腹节形态构造相似,在背板两侧下缘前方各有 1 个气门。在第 1 腹节气门后方各有 1 个大而呈椭圆形的膜状结构,称听器。第九、十两节背板较狭,且相互愈合,第十一节背板形成背面三角形的肛上板,盖着肛门,第十节背板的后缘,肛上板的左右两侧各有 1 对小突起,即尾须,雄虫的尾须比雌虫的大;两尾须下各有 1 个三角形的肛侧板。腹部末端还有外生殖器。

（2）外生殖器

雌蝗虫的产卵器：雌虫第九、十节无腹板，第八节腹板特长，其后缘的剑状突起称导卵突起，导卵突起后有 1 对尖形的产卵腹瓣（下产卵瓣）；在背侧肛侧板后也有 1 对尖形的产卵瓣，为产卵背瓣（上产卵瓣），产卵背瓣和腹瓣构成产卵器。

雄蝗虫的交配器：雄虫第九节腹板发达，向后延长并向上翘起形成匙状的下生殖板，将下生殖板向下压，可见内有一突起，即阳茎。

（二）内部解剖

左手持蝗虫，使其背部向上，右手持剪剪去翅和足。再从腹部末端尾须处开始，自后向前沿气门上方将左右两侧体壁剪开，剪至前胸背板前缘。在虫体前后端两侧体壁已剪开的裂缝之间，剪开头部与前胸间的颈膜和腹部末端的背板。将蝗虫背面向上置解剖盘中，用解剖针自前向后小心地将背壁与其下方的内部器官分离开，最后用镊子将完整的背壁取下。依次观察下列器官系统（图 3.8）。

1. 循环系统

观察取下的背壁，可见腹部背壁内面中央线上有一条半透明的细长管状构造，即为心脏。心脏按节有若干略膨大的部分，为心室。记录棉蝗心室的数量及位置。心脏前端连一细管，即大动脉。心脏两侧有扇形的翼状肌。

2. 呼吸系统

自气门向体内，可见许多白色分枝的小管分布于内脏器官和肌肉中，即为气管；在内脏背面两侧还有许多膨大的气囊。用镊子撕取胸部肌肉少许，或剪取一段气管，放在载玻片上，加水制成装片，置显微镜下观察，即可看到许多小管，其管壁内膜有几丁质螺旋纹。

3. 生殖系统

棉蝗为雌雄异体异形，实验时可互换不同性别的标本进行观察。

（1）雄性生殖器官

精巢：位于腹部消化管的背方，1 对，左右相连成一长椭圆形结构，仔细观察，可见由许多小管，即精巢管组成。

输精管和射精管：精巢腹面两侧向后伸出 1 对输精管，分离周围组织可看到两管绕到消化管腹方汇合成 1 条射精管。射精管穿过生殖下板,开口于阳茎末端。

副性腺和储精囊:位于射精管前端两侧,为一些迂曲的细管,通入射精管基部。仔细将副性腺的细管拨散开,还可看到 1 对储精囊,也开口于射精管基部。观察时可将消化管末段向背方略挑起,以便寻找,但勿将消化管撕断。

(2)雌性生殖器官

卵巢:位于腹部消化管的背方,1 对,由许多自中线斜向后方排列的卵巢管组成。

卵萼和输卵管:卵巢两侧有 1 对略粗的纵行管,各卵巢管与之相连,此即卵萼,是产卵时暂时储存卵粒的地方,卵萼后行为输卵管。沿输卵管走向分离周围组织,并将消化管末段向背方略挑起,可见 2 输卵管在身体后端绕到消化管腹方汇合成 1 条总输卵管,经生殖腔开口于产卵腹瓣之间的生殖孔。

受精囊:自生殖腔背方伸出一弯曲小管,其末端形成一椭圆形囊,即受精囊。

副性腺:为卵萼前端的一弯曲的管状腺体。

4.消化系统

由消化管和消化腺组成。消化管可分为前肠、中肠和后肠。前肠之前有由口器包围而成的口前腔,口前腔之后是口。用镊子移去精巢或卵巢后进行观察。

(1)前肠

自咽至胃盲囊,包括咽、食管、嗉囊和前胃。咽:口后的一段肌肉质短管。食管:咽后一段管道。嗉囊:食管后方膨大的囊状管道。前胃:嗉囊之后,较嗉囊略细的一段粗管。

(2)中肠

中肠又称胃,在与前胃交界处有 12 个呈指状突起的胃盲囊,6 个伸向前,6 个伸向后方。

(3)后肠

后肠包括回肠、结肠和直肠。回肠:与胃连接的较粗的一段肠管。结肠:回肠之后较细小的一段肠管,常弯曲。直肠:结肠后部较膨大的肠管,其末端开口于肛门,肛门在肛上板之下。

（4）唾液腺

唾液腺 1 对,位于胸部嗉囊腹面两侧,色淡,葡萄状,有 1 对导管前行,汇合后通入口前腔。思考消化系统各器官分别具有的功能。

5. 排泄器官

排泄器官为马氏管,着生在中、后肠交界处。将虫体浸入培养皿内的水中,用放大镜观察,可见马氏管是许多细长的盲管,分布于血体腔中。

6. 神经系统

用剪刀剪开两复眼间头壳,剪去头顶和后头的头壳,但保留复眼和触角;再用镊子小心地除去头壳内的肌肉,即可见到:

（1）脑

位于两复眼之间,为淡黄色块状物。注意观察脑向前发出的主要神经,各通向哪些器官?

（2）围食管神经

为脑向后发出的 1 对神经,到食管两侧。用镊子将消化管前端轻轻挑起,可见围食管神经绕过食管后,各与食管下神经节相连。除留小段食管外,将消化管除去;再将腹隔和胸部肌肉除去,然后观察。

（3）腹神经链

为胸部和腹部腹板中央线处的白色神经索。它由两股组成,在一定部位合并成神经节,并发出神经通向其他器官。记录神经节的位置及数量。

注意事项：

1. 仔细小心观察。

2. 按顺序解剖、观察。

3. 随时观察、随时记录。

五、作业和思考题

1. 绘制蝗虫内部结构图,注明各部结构名称。

2. 通过对棉蝗的解剖与观察,说明昆虫纲的主要特征。其中哪些特征是对陆生生活的适应。

3. 结合头部感觉器官,口器各部分及各消化器官的功能,试述棉蝗的取食和消化过程。

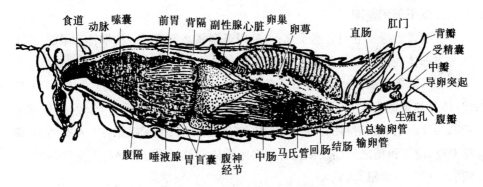

图 3.8　棉蝗内部结构图（雌性）

实验六　鱼的解剖与观察

一、目的和要求

1. 通过本实验,了解水生脊椎动物在形态结构上对生活环境条件适应的特征,以及脊椎动物器官系统的基本组成。

2. 学习脊椎动物的解剖方法。

二、仪器及试剂

解剖器械,解剖盘,大头针,棉花,纱布等。

三、实验材料

鲤鱼或鲫鱼。

四、实验内容和方法

(一)外形观察

1.头部

自吻端至鳃盖骨后缘为头部。口位于头部前端,口两侧各有 2 个触须(鲫鱼无触须)。吻背面有鼻孔 1 对。眼一对,位于头部两侧,大而圆。眼后头部两侧为宽扁的鳃盖,鳃盖后缘有膜状的鳃盖膜,藉此覆盖鳃孔。

2. 躯干部和尾部

自鳃盖后缘至肛门为躯干部;自肛门至尾鳍基部最后一枚椎骨为尾部,躯干部和尾部体表被以覆瓦状排列的圆鳞,鳞外覆有一薄层表皮,外有一层黏液。躯干两侧从鳃盖后缘到尾部,各有 1 条由鳞片上的小孔排列成的点线结构——侧线;体背和腹侧有鳍,背鳍 1 个,较长,约为躯干的 3/4;臀鳍 1 个,较短;尾鳍末端凹入分成上下相对称的两叶,为正尾型;胸鳍 1 对,位于鳃盖后方左右两侧;腹鳍 1 对,位于胸鳍之后,肛门之前,属腹鳍腹位。肛门紧靠臀鳍起点基部前方,紧接肛门后有一泄殖孔。

(二)内部解剖

将新鲜鲤鱼(或鲫鱼)置解剖盘中,使其腹部向上,用剪刀在肛门前与体轴垂直方向剪一小口,将剪尖插入切口,沿腹中线向前经腹鳍中间剪至下颌;使鱼侧卧,左侧向上,自肛门前的开口向背方剪到脊柱,沿脊柱下方剪至鳃盖后缘,再沿鳃盖后缘剪至下颌,除去左侧体壁肌肉,使心脏和内脏暴露,观察(图3.9)。

1. 原位观察

腹腔前方,最后一对鳃弓后腹方有一小腔——围心腔,它借横隔与腹腔分开。心脏位于围心腔内。在腹腔里,脊柱腹方是白色囊状的鳔,覆盖在前、后鳔室之间的三角形暗红色组织,为肾脏的一部分。鳔的腹方是长形的生殖腺,雄性为乳白色的精巢,雌性为黄色的卵巢。腹腔腹侧盘曲的管道为肠管,在肠管之间的肠系膜上,有暗红色、散漫状分布的肝胰脏。在肠管和肝胰脏之间一细长红褐色器官为脾脏。

2. 生殖系统

由生殖腺和生殖导管组成。

生殖腺外包有极薄的膜。精巢性成熟时为纯白色,呈扁长囊状;性未成熟时往往成淡红色。卵巢性未成熟时为淡橙黄色,长带状;性成熟时呈微黄红色,长囊形,几乎充满整个腹腔,内有许多小型卵粒。

生殖导管为生殖腺表面的膜向后延伸的细管,即输精管或输卵管,很短。左右两管后端合并,通向泄殖窦,泄殖窦以泄殖孔开口于体外(移去左侧生殖腺,以便观察其他器官)。

3. 消化系统

消化系统包括口腔、咽、食道、肠和肛门组成的消化道及肝胰脏和胆囊。

食管很短,背面有鳔管通入。肠为体长的 2～3 倍。前 2/3 为小肠,后部较细的为大肠,最后一部分为直肠,直肠以肛门开口于臀鳍基部前方。

胆囊为一暗绿色的椭圆形囊,位于肠管前部右侧,大部分埋在肝胰脏内,以胆管通入肠前部。鳔为位于腹腔消化管背方的银白色胶质囊,一直伸展到腹腔后端,分为前后两室。后室前端腹面发出细长的鳔管,通入食道背壁(移去鳔,以便观察排泄系统)。

4. 排泄系统

排泄系统包括一对肾脏、一对输尿管和一个膀胱。

肾脏紧贴腹腔背壁正中线两侧,为红褐色狭长形器官。在每肾最宽处通出一细管,即输尿管,其沿腹腔背壁后行,在近末端处两管汇合通入膀胱。膀胱即为输尿管汇合后稍膨大形成的囊,末端变细通入泄殖窦。

5. 循环系统

主要观察心脏。心脏由一心室、一心房和静脉窦组成。心室淡红色壁较厚,其前端有一白色厚壁的圆锥形小球体,为动脉球。自动脉球向前发出一条较粗大的血管,为腹大动脉。心房位于心室的背侧,暗红色,薄囊状。静脉窦位于心房后端,暗红色,壁很薄,不宜观察。

6. 呼吸系统

剪开口角,并沿眼后缘将鳃盖剪去,暴露口腔和鳃。

口腔由上、下颌包围合成,颌无齿,口腔背壁由厚的肌肉组成,表面有黏膜,腔底后半部有一不能动的三角舌。咽部左右两侧有 5 对鳃裂,相邻鳃裂间生有鳃弓,第 5 对鳃弓特化成咽骨,其内侧着生咽齿。

鳃是鱼类的呼吸器官,由鳃弓、鳃耙、鳃片组成。

五、作业和思考题

1. 根据原位观察,绘制鲤鱼的内部解剖图,并注明各器官名称。

2. 试归纳硬骨鱼类的主要特征,以及鱼类适应水中生活的形态结构特征。

3. 鱼类的呼吸系统包括哪些部分？它们是怎样完成呼吸过程的？

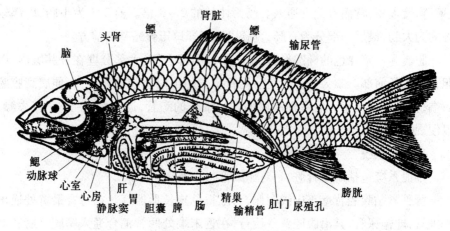

图 3.9　鲫鱼内部结构图

实验七　蟾蜍的解剖与观察

一、目的和要求

1. 通过本实验,了解两栖动物在形态结构上对生活环境条件适应的特征,以及其器官系统的基本组成。

2. 学习两栖动物的解剖方法。

二、仪器及试剂

解剖器械,解剖盘,大头针,棉花,纱布等。

三、实验材料

蟾蜍或蛙。

四、实验内容和方法

(一)外形观察

头部扁平,略呈三角形,口宽阔,由上、下颌组成,吻端稍尖。上颌背侧前端有一对外鼻孔。眼大而突出,生于头的左右两侧,两眼后方各有一圆形鼓膜(蟾蜍的鼓膜较小。在眼和鼓膜的后方有一对椭圆形突起——毒腺），雄蛙口角后方各有一浅褐色膜襞为声囊，鸣叫时鼓成泡状（蟾蜍无此结构）。

鼓膜之后为躯干部。蛙的躯干部短而宽，其后端两腿之间偏背侧有一小孔，为泄殖腔孔。

蛙前肢短小，4 指，无蹼；后肢长大，5 趾，趾间有蹼（蟾蜍四肢短钝，后肢比青蛙的短，趾间蹼不发达）。

（二）解剖与结构观察

1. 解剖

将蛙麻醉或毁脑和脊髓处死。将死蛙腹面向上置于解剖盘（腊盘）中，用大头针展开固定四肢。左手持镊，夹起两后肢基部之间、泄殖孔之前的腹部皮肤，右手持剪剪开一切口，由此处沿腹中线向前直达下颌剪开皮肤，并在前肢水平处向两侧横剪皮肤。用镊子将所剪开的皮肤拉向身体两侧。左手持镊，将两后肢基部之间的腹肌提起，右手持剪，沿腹中线稍偏左由后向前剪开腹壁，直达胸骨。剪时剪刀尖略向上挑（以免损伤内脏）。再沿胸骨两侧斜剪，用镊子轻轻提起胸骨，仔细剥离胸骨和围心膜间的结缔组织，然后剪去胸骨和胸部肌肉。再将腹壁向两侧翻开，用大头针固定在腊盘上。

2. 观察

仔细观察蛙的内部结构（图 3.10）。

（1）口咽腔

剪开左右口角至鼓膜下方，暴露口咽腔。

（2）舌

用镊子将蛙的下颌拉下，可见口腔底部中央有一柔软的肌肉质舌，其基部着生在下颌前端内侧，舌尖向后伸向咽部。蛙舌尖分叉（蟾蜍舌尖钝圆，不分叉）。

（3）内鼻孔

位于口腔顶壁近吻端处的一对椭圆形孔。与外鼻孔相通。

（4）耳咽管孔

位于口腔顶壁两侧，口角附近的一对大孔，由此可通鼓膜。

（5）喉门

在舌尖后方，咽的腹面有一对半圆形软骨围成的纵裂，为喉气管室在咽部的开口。

(6)食道口

喉门的背侧,咽最后部位的皱襞开口。

(7)消化系统

由消化管和消化腺组成。消化管包括口腔、咽、食道、胃、肠和泄殖腔;大型管外消化腺有肝脏和胰脏。

(8)呼吸系统

成蛙为肺皮呼吸,呼吸器官有鼻腔、口腔、喉气管室和肺。

(9)泄殖系统

排泄器官包括一对肾脏、一对输尿管、一个膀胱和泄殖腔等。生殖器官包括一对生殖腺和生殖腺上的脂肪体、一对生殖导管。

(10)心脏

在围心腔中,两心房、一心室,心室上发出动脉圆锥;心房背面呈暗红色三角形的薄状囊为静脉窦。

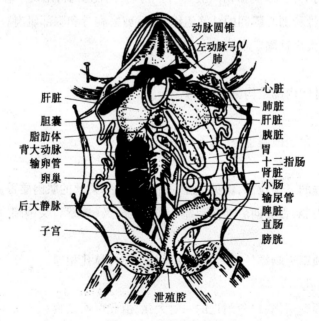

图3.10　蛙的内部结构图

五、作业和思考题

1. 根据原位观察,绘制蟾蜍的内部解剖图,并注明各器官名称。

2. 试归纳两栖类的主要特征,以及其适应两栖生活的形态结构特征。

3. 蛙的呼吸系统包括哪些部分? 它们是怎样完成呼吸过程的?

实验八　家鸽的外形和内部解剖

一、实验原理和目的要求

家鸽是鸟类的代表动物和实验动物。观察家鸽的外形和内部构造,有助于理解鸟类的进化与对飞行生活的适应。

通过内部解剖,学习解剖鸟类的方法,掌握鸟类消化、呼吸、循环和泌尿系统的基本特征。

二、仪器及试剂

解剖器械,解剖盘,大头针,棉花,纱布等。

三、实验材料

家鸽。

四、实验内容和方法

(一)家鸽处死方法

压迫窒息:一手握住双翼并紧压腋部,另一手用拇指和食指压住蜡膜,中指托住颏部,使鼻孔与口均闭塞。

水中窒息:整个头部浸入水中。

(二)解剖与观察

1. 外形形态观察

家鸽具有纺锤形的躯体。全身分为头、颈、躯干、尾和附肢 5 部分。除喙及跗跖部具角质覆盖物外,全身被覆羽毛。上喙基部两侧各有 1 个外鼻孔。眼具活动眼睑及半透明的瞬膜。眼后有被羽毛遮盖的外耳孔。前肢特化为翼。

用水浸湿腹侧羽毛,然后顺着羽毛方向拔掉它。在拔颈部的羽毛时要特别注意,每次拔 2～3 枚,拔时用手按住颈部的皮肤,以免撕坏。将拔掉的羽毛放入废物缸中。同时注意观察羽毛的分布、形状以及排列形式。

2. 内部结构观察

沿龙骨突起切开皮肤。前至口基,后至泄殖腔。用解剖刀钝端分开皮肤和肌肉。剪至嗉囊处皮肤时,应将皮肤与嗉囊壁分离开后,再剪开皮肤,以免剪破嗉囊壁。沿龙骨两侧及叉骨边缘,小心切开胸大肌,留下肱骨上端肌肉的止点处,下面露出的肌肉是胸小肌。用同样的方法将它切开,分别拽动两者,观察翅膀的运动情况,推测其功能。

沿胸骨与肋骨相连的地方用骨剪剪断肋骨,将乌喙骨与叉骨连接处用骨剪剪断。揭去胸骨等,暴露内脏自然位置。按顺序观察各系统:

(1)消化系统

消化系统包括消化道和消化腺(图 3.11)。

①消化道又包括口腔、食道、胃、十二指肠、小肠、直肠。

口腔:剪开口角观察。舌位于口腔内,前端呈箭头状。在口腔顶部的两个纵走粘膜皱襞中间有内鼻孔。口腔后部为咽部。

食道:沿颈的腹面左侧下行,在颈基部膨大成嗉囊。嗉囊可储存食物,并可部分地软化食物。

胃:鸽的胃由腺胃和肌胃组成。腺胃上端与嗉囊相连,呈长纺锤形。穿过心脏的背方,被肝的右叶所盖。其右侧有卵圆形的脾脏,贴于肠系膜上。剪开腺胃观察内壁上丰富的消化腺。肌胃又称沙囊,上连腺胃,位于肝的右叶后缘,为一扁圆形的肌肉囊。剖开肌胃,观察呈辐射状排列的肌纤维。肌胃胃壁厚,内壁附有硬的角质膜(鸡内金),呈黄绿色,内藏沙粒用以磨碎食物。

十二指肠:在胃与小肠的交界处,呈 U 形弯曲(在此弯曲处有胰腺着生)。肠壁上有胰管和胆管的入口。

小肠:细长,盘曲于腹腔中,最后与短的直肠连接。

直肠(大肠):短而直,末端开口于泄殖腔。在其与小肠的交界处有一对豆状的盲肠。鸟类的直肠不能储存粪便。

②消化腺包括胰脏和肝脏。

胰脏:略展开十二指肠的 U 形弯,可见肠系膜中淡黄色的胰脏,其发出 3 条胰管进入十二指肠。

肝脏:红褐色,位于心脏后方。分左右两叶,在其背面近中央处伸出 2 条胆管通入十二指肠。

(2)呼吸系统

呼吸系统包括鼻孔、喉、气管、肺和气囊。

鼻孔:外鼻孔开口于蜡膜的前下方;内鼻孔位于口顶中央的皱褶沟内。

喉:位于舌根之后,中央的纵裂为喉门。

气管:一般与颈同长,由完整的环状软骨支撑。在左右气管分支处有一较膨大的鸣管,为鸟类特有的发声器官。

肺:分左右两叶,淡红色海绵状,皆贴在胸腔背方的脊柱两侧。

气囊:囊膜状,分布于颈、胸、腹、骨骼内(可在打开体腔后,从喉门插入玻璃管吹气,可使气囊膨大,以便于观察)。思考气囊的作用。

(3)循环系统

循环系统包括心脏、动脉和静脉。

心脏:心脏位于躯体的中线上,体积很大。用镊子拉起心包膜,用小剪子纵向剪开。可见心脏被脂肪带分隔成前后两部分。前面褐红色的部分为心房,后面颜色较浅的为心室。

动脉:将心脏基部的心包膜等清理除去,暴露出两条较大的灰白色血管为无名动脉。其上分出颈动脉、锁骨下动脉、肱动脉和胸动脉。用镊子轻轻提起右侧的无名动脉,将心脏略往下拉,可见右体动脉弓走向背后侧,转变为背大动脉后行,沿途发出许多血管到有关器官。再将心脏略提起,可见下面的肺动脉分成两支,绕向背后侧到达肺脏。

静脉:在左右心房的前方可见到两条粗而短的静脉干,为前大静脉。其由颈静脉、肱静脉和胸静脉汇合而成。将心脏翻向前方,可见一条粗大的血管由肝脏通至心脏,为后大静脉。

(4)泌尿生殖系统

泌尿生殖系统包括排泄系统和生殖系统。

排泄系统又包括肾脏、输尿管和泄殖腔。

肾脏:紫红色,左右成对位于体腔背侧,各分成三叶。

输尿管:沿体腔腹面下行,通入泄殖腔(鸟类不具有膀胱)。

泄殖腔:将其剪开,可看到腔内具2横褶,将泄殖腔分为3室:前面较大的为粪道,直肠开口于此;中间为泄殖道,输精管(或输卵管)及输尿管开口于此;最后为肛道。

生殖系统有雌雄之分。

雄性:具成对的白色睾丸。从睾丸伸出输精管,与输尿管平行进入泄殖腔。多数鸟类不具外生殖器。

雌性:右侧卵巢退化,左侧卵巢内充满卵泡。有发达的输卵管,前端呈喇叭口状通向体腔,后方弯曲处的内壁富有腺体,可分泌蛋白和卵壳;末端短而宽,开口于泄殖腔。

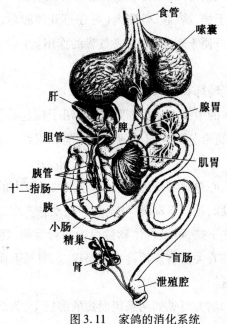

图 3.11　家鸽的消化系统

五、作业和思考题

1. 通过实验观察,归纳鸟类的哪些形态结构特征表现了对飞翔生活的适应。

2. 试述鸟类在骨骼系统上有哪些适应飞翔生活的特点?

3. 胸大肌和胸小肌的特征和机能。

4. 根据观察,想想肌胃有何功能?

5. 为什么鸟类飞翔时能进行双重呼吸?

实验九　哺乳动物形态结构的解剖和观察

一、目的和要求

1. 学习哺乳动物的一般解剖方法,了解哺乳动物各器官系统的局部与整体的关系。

2. 通过对小(大)白鼠外部形态和内部结构的观察,了解哺乳动物的一般特征。

二、仪器及试剂

解剖盘,解剖器械,烧杯,棉花,纱布等。

三、实验材料

小白鼠(大白鼠)。

四、实验内容和方法

(一)外部形态的观察

小白鼠整体分头、颈、躯干、四肢和尾 5 部分,全身被毛。

1. 头部

长形,眼有上下眼睑,一对大而薄的外耳,鼻孔一对,鼻孔下方为口,口有肌肉质的唇。

2. 颈

颈部明显,活动自如。

3. 躯干

长而背面弯曲,腹部末端有外生殖器和肛门,雌体胸腹部有较明显的乳头。

4. 四肢

前肢肘部向后弯,具五指;后肢膝部向前弯,具五趾;指(趾)端具爪。

5. 尾

尾长约与体长相等,有平衡、散热和自卫功能。

(二)内部解剖

1. 颈椎脱臼法处死小白鼠

用左手拇指、食指掐住小白鼠头的后部,并用力下压;右手抓住鼠尾,用力向后上方拉,便可使小白鼠的颈椎脱臼,瞬时死亡。

2. 解剖

(1)剪开皮肤

将处死的小白鼠腹面向上置于解剖盘中,用棉球蘸水擦湿腹部中线的毛。然后左手用镊子在外生殖器稍前处提起皮肤,右手持剪沿腹中线向前剪开皮肤,直至下颌底;再从四肢内侧横向剪开皮肤。一手用镊子提起剪开的皮肤,另一手将尖头镊子紧贴皮肤划剥结缔组织,以分离肌肉和皮肤。

(2)剪开腹壁

沿腹中线剪开腹壁至胸骨后缘,再沿胸骨两侧剪断肋骨,剪去胸骨,将肌肉向两侧展开用大头针固定。沿边缘剪开横膈膜及第一肋骨和下颌之间的肌肉。

(三)观察内部构造

1. 头部

(1)唾液腺

腮腺(耳下腺):位于耳壳基部的腹前方,不规则的淡红色腺体。

颌下腺:在颈部的腹中线上,口腔底的基部。剥开脂肪可见一对椭圆形的腺体。

舌下腺:位于左右颌下腺的外上方,形小,淡黄色。将附近的淋巴结移开,既可见到近于圆形的舌下腺。

(2)口腔

前壁为上下唇,侧壁为颊部,上壁是腭,下壁为口腔底。1 对门牙,3 对臼齿。口腔顶部前端为硬腭,后端则为软腭。口腔底为发达的肌肉质的舌,舌前部腹方有系带连与口腔底,舌表面有许多小乳头,其上有味蕾。

(3)咽部

软腭后方背面的腔。沿软腭中线剪开,露出的腔是鼻咽腔,是咽部的一部分。鼻咽腔的前端是内鼻孔。在鼻咽腔的侧壁上有一对斜的裂缝是耳咽管开口。咽部后面渐细,连接食道。食道的前方为呼吸道的入口,有一块叶状的突出物——会厌。

(4)喉头、气管

将颈部腹面的肌肉除去暴露喉头——软骨构成的腔。喉头顶端有一大的开口即声门。喉头的背缘有会厌。喉头腹面的大型盾状软骨为甲状软骨。其后方为围绕喉部的环状软骨。喉头腔内壁上的皮肤褶状物为声带。由喉头向后延伸的气管有许多软骨环支持。软骨环背面不完整,紧贴食道。

2. 胸腹部

(1)消化系统

食道:位于气管背面,由咽部后行深入胸腔,穿过横膈膜进入腹腔与胃连接。

肝脏:紧贴横膈膜下可见到红褐色的肝脏。鼠类的肝脏不具胆囊。

胃:将肝脏掀至右边,可以观察到胃。与食道相连处为贲门,与十二指肠相连处为幽门。黏膜上有纵形的棱和能分泌胃液的腺体。胃左下方有一深红色的条状腺体为脾脏。

肠道:小肠包括十二指肠、空肠和回肠;回肠末端为盲肠,盲肠尖端为蚓突。大肠包括结肠和直肠。直肠进入盆腔,开口于肛门。

胰腺:散在于十二指肠的弯曲处,是一种多分支的淡黄色腺体。

(2)呼吸系统

气管进入胸腔后分为左、右支气管,分别通入左右肺。肺为海绵状。

(3)循环系统

在胸腔可以见到略呈倒圆锥形的心脏位于两肺之间,心尖偏左。解剖心脏。

(4)泌尿、生殖系统

泌尿系统:肾脏为紫红色的豆状结构,位于腹腔背面,发出白色的输尿管通连膀胱。膀胱开口于尿道。肾脏前方有淡红色的肾上腺。解剖肾。

生殖系统包括雄性生殖系统和雌性生殖系统。

雄性生殖系统:睾丸(精巢)1对,椭圆形,成熟后下降入阴囊。附睾1对,头部紧贴于睾丸上部,体部从睾丸的一侧下行,尾部与输精管相接。输精管1对,开口于尿道。交配器官阴茎。

雌性生殖系统:腹腔背壁两侧肾脏后方各有一个卵巢。输卵管一对,后端膨大为子宫,左右子宫汇合延至阴道,阴道开口于体外,见图3.12。

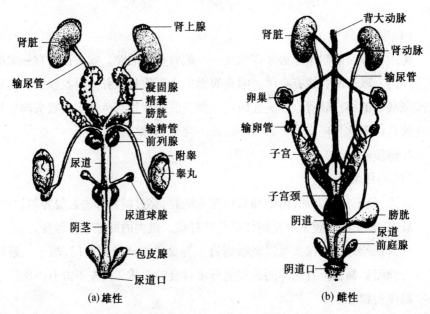

图 3.12　小鼠的泌尿生殖器官

注意事项:

按照从外到里,从上到下的顺序,详细观察每一个系统的结构。

五、作业和思考题

1.总结和归纳哺乳动物消化、循环、呼吸、泌尿与生殖系统的结构特点。

2.根据实验体会,总结小白鼠解剖和观察中的操作要点。

3.通过实验观察,归纳小白鼠有哪些形态结构体现了哺乳类的进步性特征。

实验十　反射时的测定、反射弧的分析、谢切诺夫抑制和脊髓反射的外周抑制

一、实验原理和目的要求

从皮肤接受刺激至机体出现反应的时间为反射时。在动物的生理状态基本

稳定的情况下,用阈上刺激引起后肢的屈反射,在一定的范围内,刺激越强,反射时越短;刺激越弱,反射时越长。

反射时是反射通过反射弧所用的时间,完整的反射弧则是反射的结构基础。反射弧的任何一部分缺损,反射不再出现。

各种脊反射的中枢间可出现抑制关系,亦可受神经系统高级部位的抑制。如果除去高级部位的抑制,脊髓反射中枢的兴奋性将提高,如反射时缩短、反射强度增大。如果同时刺激皮肤的两个不同部位,较弱刺激原来引起的反射将被抑制或延迟出现。

要求:

1. 掌握测定反射时的方法,了解刺激强度与反射时的关系。

2. 分析反射弧的组成。

3. 了解中枢神经系统各部位之间的抑制现象。

二、仪器及试剂

常用手术器械,支架及直棒,蛙板,小烧杯,小培养皿,滤纸,棉花,纱布,秒表,硫酸纸,浸盐的干燥滤纸,0.1%、0.3%、0.5%及1%硫酸溶液,2%普鲁卡因,水,吸管,大头针,线。

三、实验材料

蟾蜍或蛙。

四、实验内容和方法

1. 反射时的测定

(1)制备脊动物:取一只蟾蜍或蛙,在枕骨大孔处用探针划断脑与脊髓的联系后,毁脑并悬挂在支架上(注意大头针不能穿在舌头上)。

(2)测用0.1%硫酸刺激后肢趾端的反射时:在培养皿中放入少量的0.1%硫酸溶液,将蟾蜍的后肢趾端放入溶液中,同时计时。当出现反应时,停止计时。连续计时三次后休息3～5 min。每次刺激后,用清水洗去酸液并擦干。

(3)(同上)测0.3%、0.5%硫酸刺激的反射时。

2. 反射弧的分析

(1)将脊动物俯卧固定在蛙板上。剪开左侧大腿的皮肤,分离肌肉和结缔组织,暴露坐骨神经。在坐骨神经下穿一条线,并垫一小块硫酸纸。

(2)把动物挂在支架上,用0.5%硫酸分别刺激两后肢趾端,均出现反应。清水洗净、擦干。

(3)重新将动物放在蛙板上,在右膝关节处将皮肤环切,剥下皮肤(注意剥净脚趾上的皮肤)。稍停,再用0.5%硫酸刺激右后肢趾端,观察现象。

(4)将浸过1%硫酸的滤纸贴在左后肢的皮肤上,观察右后肢的反应。

(5)在坐骨神经上放一浸过可卡因的棉球(夹在神经与硫酸纸的中间),每隔1 min用0.5%硫酸测试该后肢的趾端,观察是否出现屈反射。

(6)当左后趾刚刚不出现屈反射时,立即将浸过1%硫酸的滤纸片贴在左侧的背部,观察左后肢的反应。

(7)每隔1 min重复上面(6)步骤,直到刺激身体任何部位,都不能引起左后肢的反应。

(8)用镊子夹左后肢观察现象。用探针捣毁脊髓,再测反射时。

3. 谢切诺夫抑制和脊髓反射的外周抑制

(1)取一只蟾蜍,用纱布包住动物,只露出头部,剪去颅顶的皮肤,自鼻孔向后小心地剥开颅骨,暴露整个脑组织。

(2)在间脑处小心横断并去掉以上的大脑部分,待动物休克过去后,将动物挂在支架上。

(3)用0.3%硫酸测定一侧后肢的反射时,测3次,如反射时稳定,则进行下列实验。

(4)取一小块浸盐后烘干的滤纸,放在间脑的横断面上,立即测反射时,记录结果。

(5)在延髓与脊髓间切断,待脊髓休克消失后,用0.3%硫酸测同上一侧后肢的反射时。

(6)在测一侧后肢对硫酸的反射时的同时,用镊子用力夹另一侧后肢的趾端,观察现象,记录反射时。

注意事项：

1. 每次用酸刺激后,要用清水冲洗脚趾并擦干,保护皮肤和防止冲淡酸液。

2. 测反射时时,硫酸浓度应由低到高。每个浓度测定反射时以后,蛙应休息 3~5 min。

3. 用 1% 的硫酸纸片只能刺激几秒钟,以防损伤皮肤,且立即用清水洗去酸液。

五、作业和思考题

1. 记录各实验结果。

2. 分析出现各结果的原因。

实验十一　骨骼肌单收缩和强直收缩的描记与分析

一、实验原理和目的要求

1. 两栖类动物的离体组织器官可以在室温下,于一定时间内保持它们的机能;

2. 肌肉对于一个短促的阈上强度刺激,发生一次迅速的收缩反应,称为单收缩;

3. 骨骼肌在接受两个以上的连续刺激时,由于第二个刺激落入第一个刺激引起的收缩过程的不同时相内,则引起收缩曲线的不同变化;

4. 由于各肌纤维的兴奋性大小不同。随刺激强度不断增大,则兴奋的肌纤维数不断增加。

要求:

1. 熟悉并掌握蟾蜍坐骨神经——腓肠肌标本的制备方法;

2. 了解肌肉收缩过程的时相变化和总和现象;

3. 观察刺激强度不变,改变频率;刺激频率不变,改变强度时,肌肉收缩曲线的变化。

二、仪器及试剂

常用手术器械一套,锌铜叉,蛙板,RM6240 生物信号记录分析系统,张力传感器(换能器),支架,肌槽,培养皿,任氏液,玻璃针,滴管,纱布等。

三、实验材料

蟾蜍或蛙。

四、实验内容和方法

(一)坐骨神经——腓肠肌标本的制备

1. 破坏脑和脊髓

取蟾蜍1只,用自来水冲洗干净。用左手握住动物身体,以食指压住其头部前端使其头部尽量前俯,右手持探针自枕骨大孔处垂直刺入,到达椎管,再将探针改变方向刺入颅腔,左右搅动充分捣毁脑组织。然后将探针抽回至进针处,再向后刺入椎管,反复提插捣毁脊髓。此时蟾蜍四肢松软,呼吸消失,表明脑和脊髓已完全破坏,否则应按上法反复进行。

2. 剪除躯干上部及内脏

在骶髂关节以上处剪断脊柱,左手握住蟾蜍后肢,用拇指抵住骶骨,使蟾蜍头与内脏自然下垂,右手持普通剪刀,沿脊柱两侧剪除一切内脏及头胸部,留下后肢骶骨脊柱以及紧贴与脊柱两侧的坐骨神经。剪除过程中注意勿损伤坐骨神经(图3.13)。

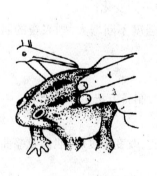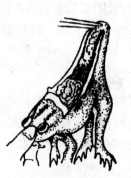

图3.13　蟾蜍内脏、皮肤等的去除方法

3. 剥皮

左手握住脊柱断端（注意避开坐骨神经），右手捏住其上的皮肤边缘，逐步向下剥离皮肤。拉至大腿时，如阻力较大，可先剥下一侧，再剥另一侧。将全部皮肤剥除后，将标本至于盛有任氏液的培养皿中。洗净双手和用过的全部手术器械，再进行下列步骤。

4. 分开两腿

避开坐骨神经，用粗剪刀从背侧剪去骶骨，然后沿中线将脊柱剪成左右两半，再从耻骨联合中央剪开。将已分离的标本浸入盛有任氏液的培养皿中。

5. 游离坐骨神经

取一后肢，先用玻璃分针沿脊柱侧游离坐骨神经腹腔部，然后用大头针将标本背位固定于蛙板上。再用玻璃分针循股二头肌和半膜肌之间的坐骨神经沟，纵向分离暴露坐骨神经大腿部分，直至分离至胫腓神经分叉处。然后剪去神经干上的所有分支，然后从脊柱根部将坐骨神经连同一小块脊柱骨剪下（图3.14）。

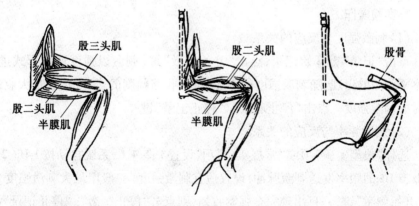

图 3.14　坐骨神经剥离及腓肠肌标本制备

6. 腓肠肌的剥离

将已游离的坐骨神经搭在腓肠肌上。在膝关节周围剪掉大腿的全部肌肉，并将股骨刮干净，在中间截断。将腓肠肌游离，在跟腱处穿线结扎，在结扎下方剪断跟腱，去掉多余部分（用锌铜叉测试标本的生物活性）。将标本放入任氏液中。

(二)骨骼肌单收缩、复合收缩和强直收缩的观察

1. 标本放置

将标本的股骨头残端插入肌槽的螺丝孔内将其固定,把腓肠肌跟腱的连线连于张力换能器的受力片上,放松连线。把坐骨神经搭放在肌槽的电极上。

2. 调整实验纪录系统

(1)将换能器固定在万能支架上,并将输出线插入记录系统通道的输入插孔。

(2)将刺激器输出线插入刺激孔,并与肌槽的电极连接。

(3)开启计算机,并进入 RM6240 系统。

(4)设定实验系统:

点击显示屏上端的"实验"菜单,进入"肌肉神经"栏目,进入"刺激强度与反应的关系"或"刺激频率与反应的关系"。系统自动设置试验参数、弹出刺激器对话框,并处于示波状态。

(5)调节张力换能器的零点。

3. 实验操作

(1)刺激强度与反应的关系

点击"记录"键开始记录;点击"开始刺激"键(刺激以强度递增形式进行)观察阈刺激的出现,随刺激强度的增加,肌肉收缩幅度的变化,记录最大收缩出现时的刺激强度。点击"停止刺激"、"停止记录"键。

(2)刺激频率与反应的关系

选择"典型实验"项或"常规实验"项,设置1、2、4、6,系统自动按 1 Hz、2 Hz、4 Hz、6 Hz 的频率发送刺激脉冲;设置适宜刺激强度(一般用最大刺激强度);点击"开始刺激"键,一旦出现完全强制收缩,则点击"停止刺激"、"停止记录"键。

注意事项:

1. 不能用金属器械碰神经。

2. 随时用任氏液湿润肌肉和神经。

3. 每刺激一次,休息 3~5 min。

4. 不要用力拉张力换能器的金属片。

五、作业和思考题

1. 剥去皮肤的后肢能用自来水冲洗吗？为什么？

2. 金属器械碰压或损伤神经与腓肠肌，可能引起哪些不良结果？

3. 如何保持标本的机能正常？

4. 设计一个试验，如何计算单收缩的潜伏期。

实验十二　神经干动作电位的引导与
神经兴奋传导速度的测定

一、实验原理和目的要求

神经干动作电位是神经兴奋的客观标志。神经干由许多神经纤维组成，当受刺激细胞兴奋时，细胞膜外电位会因动作电位的产生和传导而出现一系列变化。神经干兴奋过程中所发生的这种膜外电位变化称神经干动作电位。神经干动作电位与单根神经纤维中的动作电位不同，它是由许多兴奋阈值、传导速度和幅度不同的神经纤维的动作电位综合而成的复合性电位变化，称为复合动作电位，其电位幅度在一定范围内可随刺激强度的变化而变化。

如果将两引导电极置于正常完整的神经干表面，当神经干一端兴奋之后，兴奋波先后通过两个引导电极，可记录到两个方向相反的电位偏转波形，称为双相动作电位。如果两个引导电极之间的神经组织有损伤，兴奋只通过第一个引导电极，不能传导至第二个引导电极，则只能记录到一个方向的电位偏转波形，称为单相动作电位。

神经传导的速度，在不同类型的神经纤维上各不相同。测定神经冲动所经过的距离和耗费的时间，即可计算神经冲动的传导速度。

1. 学习生理信号采集处理系统的使用方法；

2. 观察蟾蜍坐骨神经干动作电位的基本波形，并了解其产生的基本原理；

3. 掌握蟾蜍坐骨神经干动作电位传导速度的测定和计算方法。

二、仪器及试剂

常用手术器械一套，锌铜叉，蛙板，RM6240 生物信号记录分析系统，神经标本屏蔽盒,培养皿,任氏液,玻璃针,滴管,纱布,直尺。

三、实验材料

蟾蜍或蛙。

四、实验内容和方法

(一)坐骨神经胫(腓)神经标本的制备

标本制备方法与坐骨神经腓肠肌标本制备方法大体相同,但无须保留股骨和腓肠肌。神经干应尽可能分离的长一些,要求上自脊髓附近的主干,下沿腓总神经或胫神经一直分离至踝关节附近止。将棉线用任氏液浸泡后,在脊髓侧坐骨神经起始处和跟腱处将神经结扎,在结扎的外侧将神经干剪断,制成坐骨神经腓神经标本。将制备好的神经干标本浸于任氏液中数分钟,待其兴奋性稳定后开始实验。

(二)仪器连接与调试

1.标本放置

按实验要求将神经干至于标本屏蔽盒内(图3.15),脊髓附近的主干靠近刺激电极端,各电极应靠近些,以获得较强的信号。

2.调整实验纪录系统,进行实验

打开仪器电源,启动计算机,进入系统。

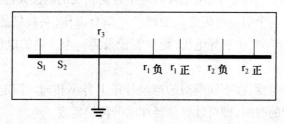

图3.15　观察神经干动作电位及测定神经冲动传导速度的装置图(神经屏蔽盒)

S_1,S_2—刺激电极(1红,2黑);r_1,r_2—引导电极(负绿,正红);r_3—接地

神经干动作电位的引导:

(1)用鼠标点开显示屏上端的"实验"菜单,然后用鼠标单击"肌肉神经"栏目中的"神经干动作电位"项,系统即自动设置好实验参数、弹出刺激器对话框,

并处于示波状态。

(2)用鼠标在刺激器对话框中选择同步触发,然后点击"开始刺激"键,稍等片刻屏幕上即出现一屏"动作电位"波形。以后每点击"开始刺激"键一次,波形即被刷新一次。

(3)根据波形幅度可调节位于屏幕上显示通道右侧的灵敏度键,必要时还可调节刺激幅度。

(4)若需保存波形,用鼠标点击刺激器对话框内的"记录当前波形"键即可。如需长期保存,在退出系统前应正式保存文件。

神经干兴奋传导速度的测定:

(1)本实验需用两对引导电极。

(2)用鼠标点开显示屏上端的"实验"菜单,然后用鼠标单击"肌肉神经"栏目中的"神经干兴奋传导速度的测定"项,系统即自动设置好实验参数、弹出刺激器对话框,并处于示波状态。

(3)用鼠标在刺激器对话框中选择同步触发,然后点击"开始刺激"键,稍等片刻屏幕上通道一和通道二均出现"双相动作电位"波形,可看到两个波形之间存在时间差。点击"记录当前波形"键记录波形。

(4)用鼠标点击"传导速度测量"键,在系统弹出的对话框中输入电极距离(r_1 和 r_2 极性相同的两电极之间的距离),如在该对话框中选择了"自动测量",则点击"确定"键,系统即在"测量信息栏"将自动测量的有关信息显示出来。

注意事项:

1.不能用金属器械碰神经,取神经时用镊子夹两端的扎线。

2.随时用任氏液湿润神经。

3.神经干应与电极密切接触。任氏液过多时,应用棉球或滤纸吸掉,防止电极间短路。

4.刺激强度要从最小 0.1 V 开始逐步增加,刺激时间不宜过长。两刺激电极之间的距离不宜太近。

五、作业和思考题

1.随着刺激强度的增加,神经干动作电位的幅度有何变化?为什么刺激增大到一定强度,动作电位幅度不再发生变化?

2.记录神经干动作电位时,常在神经中枢端给予刺激,而在外周端引导动作电位,为什么? 若改变神经干方向,动作电位波形会发生什么变化? 为什么?

3.引导电极调换位置后,动作电位波形会发生什么变化? 为什么?

实验十三　蟾蜍心搏过程的观察与描记和心室肌的期外收缩与代偿间歇

一、实验原理和目的要求

1.心脏的活动具有自动节律性。两栖类心脏的各部分自律组织中,静脉窦的自动节律性最高,以其为起搏点,心室、心房的自动节律性较其为低,正常情况下服从静脉窦的节律。

2.心肌特征之一是:具有较长的不应期,绝对不应期占大部分收缩期。在绝对不应期内给心肌以任何刺激,都不会引起反应;而在相对不应期内给心肌以单个的阈上刺激,即可引起一个期外收缩。期外收缩也有绝对不应期,当静脉窦传来的正常节律性兴奋恰恰落在期外收缩的绝对不应期内,则心室不发生反应,须待静脉窦传来下一次兴奋才能发生反应。因此,在期外收缩以后,往往会出现一个较长时间的间隙,称代偿间歇。

3.观察蟾蜍心脏各部分自动节律性活动的时相和频率,学习暴露蟾蜍心脏的手术方法以及在体心脏的机械描记方法。

4.观察心脏对额外刺激的反应,了解心脏在兴奋过程中兴奋性的变化。

二、仪器及试剂

常用手术器械一套,RM6240 生物信号记录分析系统,张力传感器(换能器),刺激电极,蛙板,支架,任氏液,玻璃针,滴管,纱布,线,蛙心夹,秒表。

三、实验材料

蟾蜍或蛙。

四、实验内容和方法

(一)心搏的观察

1. 毁蟾蜍脑和脊髓,将其仰卧固定于蛙板上。剪开皮肤和肌肉,暴露心脏。

2. 小心去掉心包膜,分辨蟾蜍心脏的各部分。观察静脉窦、心房、心室收缩的顺序,并记录心搏频率(图3.16)。

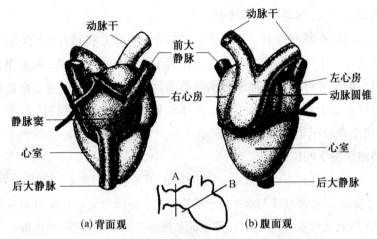

图 3.16　蛙心脏示意图

A—斯氏第一结扎;B—斯氏第二结扎

用镊子在主动脉干下穿一线(防止把主动脉扎上),用玻璃针将心尖翻向头端,暴露心脏背面,将线打一结,使之落在窦房沟的半月形白色条纹上(迅速扎紧),为斯氏第一结扎。观察心房、心室和静脉窦是否跳动,跳动的频率。

经过一段时间后,心房心室又开始跳动,记录其分别搏动的频率。然后在房室交界处做第二结扎(为斯氏第二结扎)。这时心室停止跳动,又经过一段时间后,心室重新跳动,观察其跳动的频率。

(二)心搏的描记,期外收缩和代偿间歇

1. 用同样方法暴露另一蟾蜍的心脏,用系有线的蛙心夹在心舒期时夹住心尖(小心不要夹破心脏),线的另一端与固定好的张力传感器的金属片连接。

调整实验记录系统:

(1) 将换能器插头插入 RM6240 通道一,刺激电极接刺激器输出。

（2）开机并启动系统。

（3）用鼠标点开显示屏上端的"实验"菜单，然后用鼠标单击"循环"栏目中的"期前收缩—代偿间歇"项，系统即自动设置好试验参数、弹出刺激器对话框，并处于示波状态。此时可在屏幕上观察到正常的心搏曲线，曲线向上为心室收缩，向下为舒张。描记一段心脏的正常收缩曲线。

2. 将刺激输出导线与刺激电极相连。将刺激电极放在心室的表面，无论心室收缩或舒张时，均能与两极接触。

3. 用鼠标在刺激器对话框中先选择"触发捕捉"，再选择"下降沿捕捉"，然后在显示通道中单击鼠标即可在单击位置呈现一水平显示线，调节单击点在屏幕上纵向的位置可调节该水平显示线的高低，该水平显示线与心搏曲线下降沿的交点就是给予刺激的可能位置（具体位置由发出"开始捕捉"命令的时刻决定）。由于在舒张早期以后给予刺激才会产生期前收缩，故应调节水平显示线至心搏曲线偏下的位置。

4. 此后每用鼠标点击刺激器对话框中的"开始捕捉"键，刺激器即会在"开始捕捉"命令发出后、心搏曲线与水平显示线的第一个下降沿交点处发出刺激信号，调节水平显示线高低位置及刺激强度，即可观察到期前收缩和代偿间歇现象。

5. 如需记录波形，应在系统记录状态发"开始捕捉"命令。

注意事项：

1. 经常用任氏液湿润心脏，防止干燥。

2. 蛙心夹夹住的心室肌不能过多或过少。

3. 每次刺激后，要给心脏一些休息时间。

五、作业和思考题

1. 记录第一次和第二次斯氏结扎后，房室波动频率的变化情况，分析产生上述结果的原因。

2. 心肌的不应期长有何生理意义？

3. 本实验不能用连续刺激，为什么？得到心室肌期外收缩的实验设计思路是什么？

实验十四　红细胞渗透脆性的测定与血型鉴定

一、实验原理和目的要求

1.红细胞在低渗溶液中发生溶解所需的浓度不同,刚能引起一部分红细胞溶解的低渗盐水的浓度,代表红细胞的最大渗透脆性;使全部红细胞溶解的盐水浓度代表红细胞的最小渗透脆性。

2.由于 A 凝集原只能和抗 A 凝集素结合,B 凝集原只能和抗 B 凝集素结合,则可以利用已知的抗 A、抗 B 型标准血清来鉴定未知血型。

学习测定红细胞渗透脆性的方法和血型鉴定的方法。

二、仪器及试剂

抗 A、抗 B 型标准血清,小试管,试管架,5 mL 无菌注射器,2 mL 移液管,1%NaCl,3.5%柠檬酸钠,蒸馏水,75%酒精,消毒棉球,载玻片,采血针,消毒牙签,玻璃铅笔。

三、实验材料

兔,人血。

四、实验内容和方法

1.红细胞渗透脆性的测定

(1)取 10 只小试管,编号。按表 3.1 制成不同浓度的 NaCl 溶液。

表 3.1

	1	2	3	4	5	6	7	8	9	10
1%NaCl	1.0	1.2	1.4	1.6	1.8	2.0	2.2	2.6	3.6	4.0
蒸馏水	3.0	2.8	2.6	2.4	2.2	2.0	1.8	1.4	0.4	0
溶液浓度	0.25	0.3	0.35	0.4	0.45	0.5	0.55	0.65	0.9	1

(2)取兔血,每支试管滴一滴,摇匀,静置 2 h 后,即观察各试管溶血情况。

(3)记录开始溶血和完全溶血的两管 NaCl 溶液的浓度。

2. 血型鉴定

(1)取一干净载玻片,用玻璃铅笔在两端标上 A、B,中间隔开。

(2)分别在标有 A、B 端加一滴抗 A 和抗 B 血清。

(3)取受检者耳垂或指尖血两滴,用牙签取血,分别滴入抗 A、抗 B 血清中,混合。静置 10~30 min 后,观察结果。

表 3.2

抗 A 型血清	抗 B 型血清	血型
–	+	B
–	–	O
+	+	AB
+	–	A

注意事项:

1. 配置不同浓度的 NaCl 溶液时应力求准确、无误。

2. 滴入各试管中的血量力求一致。

3. 取血牙签必须严格分开,不得互相污染或混淆使用。

五、作业和思考题

1. 记录并分析红细胞渗透脆性实验结果。

2. 你是什么血型? 你可接受的血型和你能给什么样的血型输血? 应注意什么问题?

3. 如何判定红细胞最大渗透脆性和最小渗透脆性?

4. 为什么红细胞会表现出渗透脆性? 这一现象有何生理意义?

5. 无标准血清时,用已知 A 型或 B 型人的血能进行血型的粗略分析吗? 为什么?

实验十五　出血时间及凝血时间的测定

一、实验原理和目的要求

学习出血、凝血时间的测定方法。

出血时间是指从小血管破损出血起,至自行停止出血所需的时间,实际测量微小血管封闭所需时间。出血时间的长短与小血管的收缩和血小板的黏着、聚集、释放以及血小板的功能等有关。出血时间测定,可检查止血过程是否正常及血小板的数量和功能状态。

凝血时间是指血液流出血管到出现纤维蛋白细丝所需时间。测定凝血时间主要反映有关凝血因子缺乏或减少。

二、仪器及试剂

采血针,秒表,小滤纸条,酒精棉球,干棉球(无菌),大头针,载玻片。

三、实验材料

人。

四、实验内容和方法

1. 出血时间的测定

用酒精棉球将指尖皮肤消毒,再用无菌干棉球擦干。用采血针穿刺手指约2~3 mm深,让血液自然流出,勿用手挤压,立即记下时间。从穿刺后开始每隔半分钟用滤纸吸去血滴一次(不要触及皮肤),直到血流停止,计数所需时间为出血时。

2. 凝血时间的测定

用采血针穿刺手指约2~3 mm深,让血液自然流出,擦去第一滴血,待血液重新自然流出,立即开始计时。以清洁干燥的载玻片接取一大滴血液,每隔30 s用大头针挑血一次,直至挑起细纤维状血丝为止,表示开始凝血。记录从开始流血到挑起细纤维状血丝所需的时间,即为凝血时间。

注意事项:

1. 严格消毒。

2. 用针挑血时应沿一定方向和顺序(自血滴边缘向内)轻挑,切忌多方向不停地挑动,以免破坏纤维蛋白网状结构,造成不凝的假象。

五、作业和思考题

1. 出血时间和凝血时间有何区别?

2. 凝血时间的正常值及其临床意义是什么？

实验十六　血液凝固及其影响因素

一、实验原理和目的要求

了解血液凝固的基本过程及其影响因素。

根据血液凝固过程中凝血酶因子激活物形成途径的不同，可将血液凝固分为内源性激活途径和外源性激活途径。内源性凝血时参与凝血过程的因子全部存于血浆中，由 XII 因子的激活开始；外源性凝血是由于血管、组织受损，血管壁及组织中的组织因子(III 因子)进入血管内，与血管内的凝血因子共同作用而启动的。本实验采用兔颈总动脉放血取血，血液几乎未与组织因子接触。凝血过程主要由内源性凝血系统所发动。肺组织浸液中含有丰富的组织因子，在试管中加入肺组织浸液，以观察外源性凝血系统的作用。

二、仪器及试剂

清洁小试管 8 支，50 mL 小烧杯 2 个，10 mL 注射器，试管架，哺乳动物手术器械，兔手术台，动脉夹，塑料动脉插管，一束竹签，20% 氨基甲酸乙酯，生理盐水，8 单位肝素，2% 草酸钾，液体石蜡，冰块。肺组织浸液(兔肺剪碎，洗净血液，浸泡于 3~4 倍生理盐水中，过夜，沉淀或 1 000 rad/min 离心，取上清液，冰箱中保存)。水浴锅，棉花。

三、实验材料

家兔。

四、实验内容和方法

1. 从兔耳缘静脉缓慢注入 20% 氨基甲酸乙酯(5 mL/kg)，待其麻醉后仰卧固定于兔解剖台上。

2. 减去颈部的毛，沿正中线切开颈部皮肤，分离皮下组织和肌肉，暴露气管，在气管两侧的深部找到颈总动脉。分离出一侧颈总动脉，在其下穿过两条丝线。

一线在颈总动脉远心端结扎,另一线备用(供固定动脉插管用)。

3.在颈总动脉近心端夹上一动脉夹,然后在靠近远心端结扎处用小眼科剪做一斜切口,向心脏方向插入动脉插管,用丝线固定。需放血时开启动脉夹即可。

4.观察项目

(1)观察纤维蛋白原在凝血过程中的作用:取血 10 mL,分别注入两个烧杯内,一杯静置,另一杯用竹签不断搅拌,随后洗净竹签,观察纤维蛋白呈丝状且有弹性,比较两杯血液的凝固现象。

(2)观察血液凝固的影响因素:取干净的试管 8 支,按表3.3 准备。由颈总动脉取血,各管加血 2 mL,(6、7、8 管加入血液后,颠倒混匀),开始计时。每15 s倾斜试管一次,直至血液凝固不再流动为止。记录凝血时间,分析产生差别的原因。

表 3.3

试管	影响血凝的因素	实验结果及凝血时间
1	对照	
2	棉花少许	
3	液体石蜡润滑试管内面	
4	37 ℃水浴	
5	放在盛有冰的烧杯中	
6	加肝素 8 单位	
7	加草酸钾 1～2 mg	
8	加肺组织浸液 0.1 mL	

五、作业和思考题

1.解释本试验每一项结果产生的原因。

2.血液凝固的内源途径与外源途径有什么不同?

3.加速和延缓血液凝固的方法有哪些?

实验十七　人体动脉血压的测定及其影响因素

一、实验原理和目的要求

间接测血压时,使用血压计的压脉带在动脉外加压,根据血管音的变化来测量动脉血压。人的血压的稳定是在不断变化和调节中得到的,人的体位、运动、呼吸以及温度等因素对血压均有一定影响。

要求:学习并掌握人体间接测量血压的原理和方法,观察在正常情况下,某些因素对动脉血压的影响。

二、仪器及试剂

血压计,听诊器,冰水。

三、实验材料

人。

四、实验内容和方法

(一)血压测量

1. 受试者静坐 5 min,脱左臂衣袖,裹上压脉带,其下缘距肘关节 3 cm,听诊器位于肘窝动脉处(袋里的气放尽,螺丝拧紧),见图 3.17。

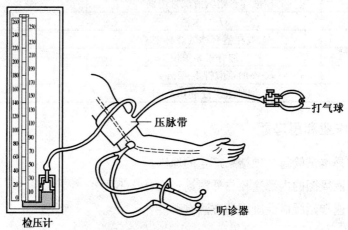

图 3.17　人体血压测量

2. 向压脉带里打气加压,注意观察水银柱和倾听听诊器里的声音变化(到 140 mmHg 左右)。打开螺丝,缓慢放气,倾听听诊器中血管音的变化:从无到有、从低到高、忽然变低、消失。重复 2~3 次,测出收缩压和舒张压。

(二)各种因素对血压的影响

1.体位

(1)受试者仰卧于试验台上,5 min 后测量血压。

(2)受试者站立 15 min 后测量血压。

2.呼吸

(1)缓慢深呼吸 1 min 后,立即测血压。

(2)深呼吸后紧闭气门,对隔肌和腹肌施以压力,在此期间测血压。

3.运动

受试者原地做蹲起运动(30 次/min)2 min,然后测血压。

4.冷刺激

受试者将手放入 4 ℃冷水中至腕部以上,30～60 s 后测血压。

各种因素对血压的影响计入表3.4。

表 3.4

观察项目		血压 mmHg	
		收缩压	舒张压
试验前(坐位)			
体位	仰卧		
	站立		
呼吸	深呼吸		
	深呼吸后闭声门		
运动			
手浸冷水中			

注意事项:

1.保持安静,以利听诊。

2.重复测压时,需将压脉带中的气体排尽。

五、作业和思考题

记录实验结果,分析讨论各种因素引起血压变化的机理。

实验十八　人体呼吸运动的描记及影响因素的分析

一、实验原理和目的要求

呼吸时胸廓大小的变化可直接测量,也可用呼吸描记器加以记录。

观察胸廓的呼吸运动及胸廓大小的变化和影响呼吸运动的若干因素。学习描记人体呼吸运动的方法。

二、仪器及试剂

呼吸压力传感器,RM6240 生物信号记录分析系统,皮尺,大塑料袋。

三、实验材料

人。

四、实验内容和方法

1. 吸气和呼气时胸廓大小的变化

用皮尺测量受试者平静吸气末时腋窝和剑突两个水平的胸围;再测:①平静呼气末;②用力吸气末;③用力呼气末时的胸围。

2. 人体呼吸运动的描记

(1)受试者平静坐好,将呼吸传感器围绕于胸部乳头水平,并与记录系统连接。

(2)打开数据处理系统,进入“实验”菜单,进入“呼吸”栏目,进入“呼吸运动调节”。

(3)记录一段平静呼吸的曲线,观察频率及幅度,分出吸气相和呼气相。

(4)受试者在平静呼气末,立即停止呼吸,测能屏息多久,并观察其恢复过程中的呼吸情况。

(5)受试者以每分钟约 15 次的频率做极深呼吸 2 min,观察深呼吸后的呼吸暂停现象,并记录呼吸运动的变化。

(6)呼吸恢复正常后,如(5)项方法再做极深呼吸 2 min,立即屏息,测屏息持续时间,观察并记录呼吸运动的变化。

(7)记录一段平静呼吸的曲线后,用适当大的塑料袋罩住口、鼻,在袋中做深呼吸 2 min,立即屏息,观察能持续多久,及呼吸运动的变化过程。

(8)解除呼吸传感器,令受试者做中等强度的运动 2 min 后,立即屏息,测持续时间。与(7)比较,说明运动后屏息时间的变化与袋中深呼吸后屏息时间变化,在原因上有何不同?

(9)记录说话、集中精力思考时呼吸的变化。

五、作业和思考题

1.缺氧呼吸和通气过度呼吸的机制是否不同?为什么?

2.分析讨论各种因素引起呼吸运动变化的机理。

3.试设计实验,观察其他因素对呼吸运动的影响。

实验十九　　消化道平滑肌的生理特性分析

一、实验原理和目的要求

内环境是保持组织、器官、细胞正常生理功能的必要条件。将离体的器官置于模拟的内环境中(离子成分、渗透压、酸碱度、温度、氧分压、营养成分等方面类似于内环境),可在一定时间内保持正常的功能。

平滑肌具有自动节律性,较大的伸展性,对化学物质、温度改变和牵张刺激较敏感等生理特性。

通过记录离体小肠在模拟环境中的活动,观察哺乳类动物胃肠平滑肌的一般生理特性。学习一种哺乳类动物离体器官的灌流方法。

二、仪器及试剂

麦氏浴槽,生理记录仪,肌张力换能器,万用支架,双凹夹 2 个,酒精灯,酒精灯架,温度计,500 mL 烧杯,台氏液,无钙台氏液,装有氧气的球胆,水浴锅,1∶10 000肾上腺素,1∶10 000 乙酰胆碱,1∶10 000 阿托品,1 mol/L NaOH,1 mol/L HCl。

三、实验材料

兔。

四、实验内容和方法

(一)实验准备

1. 实验装置的安装

如图 3.18 所示安装。

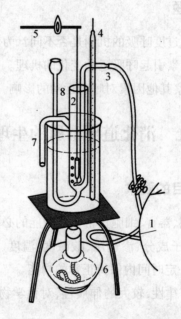

图 3.18　离体小肠平滑肌生理实验装置

1—球胆;2—麦氏浴槽;3—L 形通气管;

4—温度计;5—张力传感器;6—酒精灯;

7—放液管;8—加液槽

2. 标本制备

用木槌猛击兔的头枕部使其昏迷,剖开腹部,找出胃与十二指肠交界处,用线结扎,在结扎线近胃侧剪断小肠,将肠管的肠系膜沿肠缘剪开,分离出约 20 ~ 30 cm 的肠管。把离体的肠管置于 4 ℃左右的台氏液中轻轻漂洗,然后用注射器向肠腔内注入台氏液,冲洗肠腔,待肠腔内容物基本洗净后,将肠管剪成数段,每段长 2～3 cm,放入 4 ℃台氏液中备用。

3. 预试操作

取一段长 2～3 cm 的肠段,两端用细线结扎,一端系于浴槽内的标本固定钩上,另一端将结扎线系于肌张力换能器上。肠段勿牵拉过紧或过松,肠段必须垂直,勿与周围管壁接触,以免摩擦。用塑料管将充满氧气的球胆或增氧泵与浴槽底部有出气口的通气管相连,调节塑料管上的螺旋夹,以控制气流量,让通气管的气泡一个一个溢出,为台氏液供氧。

4. 仪器连接

(1)将肌张力换能器固定在万能支架上,输入导线与记录系统通道连接。

(2)开启计算机,进入 RM6240 系统,进入"实验"菜单、"消化"栏目、进行"消化道平滑肌的生理特性实验"。

(二)实验步骤

(1)观察室温台氏液中肠段平滑肌收缩情况,描记收缩曲线,注意观察其节律性收缩及张力水平。

(2)增加台氏液温度到 38 ℃,观察收缩曲线变化。温度恒定在 38 ℃,进行以下项目观察。

(3)向台氏液中加入 1：10 000 肾上腺素两滴,观察描记肠段活动有何变化。待作用出现后,冲洗肠段(放掉浴槽中的台氏液,加入预先准备好的 38 ℃新鲜台氏液,重复 2～3 次),使肠段活动恢复正常,再进行下一个实验。

(4)向台氏液中加入 1：10 000 乙酰胆碱两滴,观察描记肠段活动,待作用出现后,同上法冲洗肠段。

(5)向槽内加入 1：10 000 阿托品 2～4 滴,经 2 min 后,再加入 1：10 000 乙酰胆碱两滴,观察肠段活动变化,并与上一项结果进行比较。冲洗肠段,使其活动恢复正常。

(6)向槽内加入 1 mol/L 的 NaOH 两滴,观察肠段活动变化,冲洗肠段,使其活动恢复正常。

(7)向槽内加入 1 mol/L 的 HCl 两滴,观察肠段活动变化,冲洗肠段,使其活动恢复正常。

（8）用 38 ℃无钙台氏液冲洗肠段至少 3 次，换上新鲜 38 ℃无钙台氏液，观察小肠自发性收缩的变化。

（9）台氏液中加入 1∶10 000 乙酰胆碱两滴，观察肠段活动变化。如无反应，1 min 后用含钙台氏液冲洗 3 次，观察自发性收缩是否恢复。

兔离体小肠平滑肌特性计入表 3.5。

表 3.5　兔离体小肠平滑肌特性

观察项目	紧张性	收缩频率	收缩幅度	备注
室温				
38 ℃				
1∶10 000 肾上腺素				
1∶10 000 乙酰胆碱				
1∶10 000 阿托品+乙酰胆碱				
1 mol/L NaOH				
1 mol/L HCl				
38℃无钙台氏液				
1∶10 000 乙酰胆碱				

注意事项：

1. 加药前，准备好更换用的 38 ℃台氏液。保持浴槽内温度在 38 ℃，温度勿过高或过低。

2. 每次实验项目效果明显后，立即更换台氏液，冲洗肠段，待其活动恢复正常稳定后，再观察下一项。

五、作业和思考题

1. 记录分析以上各项实验结果。

2. 加入阿托品，再加入乙酰胆碱，肠段张力及收缩活动有何变化？与直接加入乙酰胆碱有何不同？为什么？

3. 钙离子在平滑肌收缩中起什么作用？

实验二十　设计实验

一、目的和要求

生理学是一门实验性科学,实验研究的成败主要取决于一个周密的实验设计。完善的实验设计是在实验工作中提高效率、减少误差、获得可靠资料的基本保证。实验设计课的目的在于让学生初步掌握实验设计的基本原则、过程和要求,在原有实验课学习的基础上,引导学生独立思考,培养创造性思维和创新意识,提高学生运用所学的知识和技能进行科学研究及解决实际问题的能力。

二、基本步骤和内容

1. 选题

由学生自由选择课题或参照"课题举例"选择一个题目。选题包括提出初步设想、查阅有关文献和确立题目3个基本过程。关于实验设想,就是想要解决或验证什么问题,这是根据已有的知识,通过广泛联想、认真思考和分析而形成的。初步设想提出后,要查阅有关文献资料,以了解有关课题的研究现状,包括已经解决的问题和待解决的问题,以及与本课题有关的实验技术和方法。在对有关课题的资料进行详细了解和仔细分析后就可以明确选题。确立题目时要注意其创新性和科学性。创新性是指尽可能不要重复别人的工作,要创新立异,力求有独到之处;科学性是指设计的实验要有充分的科学依据,观察指标要客观、可靠,实验方法要切实可行。若选题过高,超出学生的知识和技能水平,则会使实验落空而达不到预期的目的。选题时要提醒同学不要异想天开,毫无根据地提出稀奇古怪的问题,设计出不合理的实验。

2. 实验设计书格式要求

主要内容包括:

(1)课题名称

(2)立题的依据

说明提出该课题的理论和实验依据、要解决的主要问题和通过实验达到的目的。

（3）实验对象、器材与药品

列出本实验所需的动物、主要仪器设备及所需药品等，便于实验前予以准备。

（4）实验方法和步骤

包括动物的麻醉、固定、手术操作程序、术中给药方式及实验仪器装置的连接及参数设置等。

（5）观察项目

提出本实验所要观察的指标及处理项目。

（6）预期的结果

推测本实验可能出现的实验结果。

（7）注意事项

实验中可能遇到的影响课题成败的问题及解决办法。

（8）参考文献

列出主要参考文献的题目、作者、出处和出版时间。

三、注意事项

1. 样本含量的确定

设计实验时，样本含量确定是一个重要内容。如果样本含量太少，所得的结果不够稳定，其结论的可靠性也差；若样本含量过多，不仅增加工作难度，而且会造成人力、物力、财力的浪费。样本含量的确定就是要在保证研究结论可靠性的前提下确定最小的实验例数。

2. 设置对照实验

任何一项科学研究都必须设立对照实验，实验组的结果通过与对照组比较才能说明单纯的实验因素引起的变化。对照的原则是除了待检测的因素不同外，对照组与实验组的其他条件应完全一致。如实验动物要求种属、年龄、性别相同，体重相近，且手术操作的方法也要相同。

3. 实验中全程观察

观察从条件变化或施加药物之前动物或器官、系统、细胞的正常水平，直至条件变化或施加药物后出现生理功能变化及恢复到变化之前的正常水平；精确记录条件的变化数据、开始时间、变化方式及变化结果等。

4. 实验资料的统计处理

根据实验的性质和特点选择适当的统计处理方法进行资料处理,从而判断实验结果是否有意义。

四、设计和组织实施

1. 时间安排

实验设计课的时间应安排在实验课结束前夕,在学生已基本掌握生理学理论知识、实验方法和技术的基础上进行。教师可提前给学生讲解实验设计的基本要求,让学生利用课余时间进行查阅资料等准备工作。

2. 课堂讨论

利用一次实验课的时间对学生的实验设计进行讨论,对其合理性、可行性进行评定并提出修改和补充意见,各实验小组提出一个优化方案,实验技术人员根据优化方案进行实验准备。

3. 实验的实施

由学生按照自己的实验设计在教师指导下进行实验操作。实验中要合理分工,团结协作,按照实验设计步骤进行。实验结束后,要及时整理实验结果,实验数据需要进行适当的统计学处理并认真写出实验报告。

附:参考课题

1. 影响神经干动作电位传导速度的因素。
2. 某些离子对心肌生理特性的影响。
3. 消化道平滑肌自律性收缩与钙离子的关系。
4. 温度对肌肉收缩的影响。

附　　录

附录一　常用实验药剂的配制方法

1. 卡诺固定液

无水乙醇 3 份,冰醋酸 1 份,混匀即可。

2. FAA 固定液

用于固定和保存植物材料。配置时按照福尔马林(38％甲醛)：冰醋酸：70％酒精＝5：5：90 混合。幼嫩材料用 50％酒精代替 70％酒精,可防止材料收缩。为了防止蒸发和材料变硬还可加入甘油。

3. 中性红

中性红为弱碱性色素,可以作为活体染色剂。使用时可先配制成 1％水溶液。核染色后为红色,细胞质为黄色。

4. 碱性品红

碱性品红是一种强核染色体染料,也可作为黏液及弹力组织(elastic tissue)的染色剂。其配方为:碱性品红 1 g,95％酒精 30 mL,蒸馏水 100 mL。

5. 石炭酸品红

石炭酸品红(改良的苯酚品红染液)对染色质及染色体有最佳的染色效果,是优良的核染色剂。对于已固定的材料或固定后又经盐酸水解的材料,皆有染色效果,也可作为固定与染色的联合染色剂。直接用于活体材料。配方如下:

A 液:碱性品红 3 g,加 70％乙醇 100 mL,此溶液可以长期保存。

B 液:A 液 10 mL 加入 5％石炭酸 90 mL,此溶液可保存两周。

C 液:B 液 55 mL,加冰醋酸 6 mL 及福尔马林 6 mL,此溶液可以长期保存。

染色剂:取 C 液 10～20 mL 加 45％冰醋酸 90～80 mL,再加入 1.8 g 山梨醇即成(也可不加),须一周后成熟,此溶液可长期使用。

6. 碘–碘化钾溶液

碘 1 g、碘化钾 2 g、蒸馏水 300 mL,先将碘化钾溶解在少量水中,再将碘溶解在碘化钾溶液中,最后用水稀释至 300 mL。

7. 苏丹Ⅲ(或苏丹Ⅳ)溶液

苏丹Ⅲ可将细胞中脂肪、栓质、角质染为橘红色,因此可用此染料显示出上述物质在细胞中的分布和位置。

配制方法:将苏丹Ⅲ(或苏丹Ⅳ)染料 0.1 g,溶于 10 mL 95% 酒精中,过滤后加入 10 mL 甘油。

8. 间苯三酚溶液

间苯三酚在酸性环境下与细胞壁中的木质素相遇时,发生樱桃红色或紫红色反应,是植物显微化学中确定木质化细胞壁的最常用和最简单的方法。其方法是将先用 1 滴 1 mol/L 盐酸浸透要鉴定的切片,然后滴 1 滴 5% ~10% 间苯三酚的 85% 酒精溶液,木质化的细胞壁即发生颜色反应。如果间苯三酚溶液呈黄褐色则表明溶液失效。

9. 铬酸–硝酸离析液

铬酸–硝酸离析液能把细壁中的中层物质(果胶质)溶解,使细胞分离散开,便于观察。其配方为:10% 铬酸 1 份,10% 硝酸 1 份,两种溶液应在使用时混合均匀后再使用。

10. 镜头清洗液

用于清洗显微镜镜头上的油迹和污垢等,用 70% 乙醚和 30% 无水乙醇混合,装入滴瓶中备用,瓶口必须盖紧,以免挥发。

附录二　常用生理盐溶液的配置

药品名称	任 氏 溶 液 (Ringer's) 用于两栖类	乐 氏 溶 液 (Locke's) 用于哺乳类	台 式 溶 液 (Tyrode's) 哺乳类小肠	生理盐水	
				两栖类	哺乳类
氯化钠(NaCl)	6.5 g	9.0 g	8.0 g	6.5 g	9.0 g
氯化钾(KCl)	0.14 g	0.42 g	0.2 g		
氯化钙(CaCl)	0.12 g	0.24 g	0.2 g		
碳酸氢钠 (NaHCO_3)	0.2 g	0.1~0.3 g	1.0 g		
磷酸二氢钠 (NaH_2PO_4)	0.01 g	—	0.05 g		
氯化镁(MgCl_2)	—	—	0.1 g		
葡萄糖	2.0 g	1.0-2.5 g	1.0 g		
加蒸馏水至	1 000 mL	1 000 mL	1 000 mL	1 000 mL	1 000 mL

附录三　磷酸盐缓冲液(PB)的配制

首先配置储备液 A 和 B：

A 液(0.2 mol/L 磷酸二氢钠水溶液)：$NaH_2PO_4 \cdot H_2O$ 27.6 g,溶于蒸馏水中,稀释至 1 000 mL。

B 液(0.2 mol/L 磷酸氢二钠水溶液)：$Na_2HPO_4 \cdot 7H_2O$ 53.6 g（或 Na_2HPO_4 12H_2O 71.6 g 或 $Na_2HPO_4 \cdot 2H_2O$ 35.6 g）加蒸馏水溶解,加水至 1 000 mL。

不同 pH 值磷酸盐缓冲液(PB)的配制如下：A 液 X mL(参照下表)中,加入 B 液 Y mL,为 0.2 mol/L PB。若再加蒸馏水至 200ml 则成 0.1 mol/L PB。

pH	X/mL	Y/mL	pH	X/mL	Y/mL
5.7	93.5	6.5	6.9	45.0	55.0
5.8	92.0	8.0	7.0	39.0	61.0
5.9	90.0	10.0	7.1	33.0	67.0
6.0	87.7	12.3	7.2	28.0	72.0
6.1	85.0	15.0	7.3	23.0	77.0
6.2	81.5	18.5	7.4	19.0	81.0
6.3	77.5	22.5	7.5	16.0	84.0
6.4	73.5	26.5	7.6	13.0	87.0
6.5	68.5	31.5	7.7	10.0	90.0
6.6	62.5	37.5	7.8	8.5	91.5
6.7	56.5	43.5	7.9	7.0	93.0
6.8	51.0	49.0	8.0	5.3	94.7

附录四　0.05 mol/L Tris-HCl 缓冲液(pH 7.19~9.10)的配制

pH	0.2 mol/L Tris/mL	0.2 mol/L HCl/mL	H₂O
7.19	10.0	18.0	12.0
7.36	10.0	17.0	13.0
7.54	10.0	16.0	14.0
7.66	10.0	14.0	15.0
7.77	10.0	14.0	16.0
7.87	10.0	13.0	17.0
7.96	10.0	12.0	18.0
8.05	10.0	11.0	19.0
8.14	10.0	10.0	20.0
8.23	10.0	9.0	21.0
8.32	10.0	8.0	22.0
8.41	10.0	7.0	23.0
8.51	10.0	6.0	24.0
8.62	10.0	5.0	25.0
8.74	10.0	4.0	26.0
8.92	10:0	3.0	27.0
9.10	10.0	2.0	28.0

附录五　植物组织和细胞培养常用培养基成分

（单位:mg/L）

成分		MS	ER	HE	SH	B₅	N₆	NT	BE	HU
大量元素	NH_4NO_3	1 650	1 200				463	825		20
	KNO_3	1 900	1 900		2 500	2 500	2 830	950	5 055.5	
	$CaCl_2 \cdot 2H_2O$	440	440	75	200	150	166	220	441.1	
	$Ca(NO_3)_2 \cdot 4H_2O$									35.7
	$MgSO_4 \cdot 7H_2O$	370	370	250	400	250	185	1 233	493	50
	KH_2PO_4	170	340					400	680	272.18	40
	$(NH_4)_2SO_4$					134				
	$NaNO_3$			600						
	$NaH_2PO_4 \cdot H_2O$			125	345	150				
	KCl			750						
微量元素	KI	0.83		0.01	1.0	0.75	0.8	0.83	0.83	
	H_3BO_3	6.2	0.63	1.0	5.0	3.0	1.6	6.2	6.183	5.71
	$MnSO_4 \cdot 4H_2O$	22.3	2.23	0.1	10.0	10.0	4.4	22.3	22.3	2.03
	$ZnSO_4 \cdot 7H_2O$	10.6		1.0	1.0	2.0	1.5	8.6	8.627	6.585
	Zn(螯合的)		15							
	$Na_2MoO_4 \cdot 2H_2O$	0.25	0.025		0.1	0.25		0.25	0.242	2.52
	$CuSO_4 \cdot 5H_2O$	0.025	0.002 5	0.03	0.2	0.04		0.025	0.025	0.394
	$CoCl_2 \cdot 6H_2O$	0.025	0.002 5		0.1	0.025		0.025	0.024	0.162
	$AlCl_3$			0.03						
	$NiCl_2 \cdot 6H_2O$			0.03						
	$FeCl_3 \cdot 6H_2O$			1.0						
	$Na_2–EDTA$	37.3	37.3		20	37.3	37.3	37.3	11.167	56.7
	$FeSO_4 \cdot 4H_2O$	27.8	27.8		15	27.8	27.8	27.8	8.341	2.49
	蔗糖	0.03	0.04	0.02	0.03	0.02	0.05	0.01		0.01
	葡萄糖								0.021 6	

续表

成分		培养基类型								
		MS	ER	HE	SH	B_5	N_6	NT	BE	HU
附加成分	肌醇	100		100	1 000	100		100	180.16	
	甘露醇							0.5 ~ 0.7		
	烟酸	0.5	0.5		5.0	1.0	0.5		0.492	
	盐酸吡哆醇	0.5	0.5		0.5	1.0	0.5		0.822	
	盐酸硫胺素	0.1	0.5	1.0	5.0	10.0	1.0	1.0	1.349	
	甘安素	2.0	2.0					2.0		
	D-泛酸			2.5						
	半胱氨酸			10						
	尿素			200						
	氧化胆碱			0.5						
	吲哚乙酸	1 ~ 30					0.2			
	萘乙酸			1.0				3.0		
	6-咔基氨基腺嘌呤	0.04 ~ 10	0.02	0.25		1.0	1.0	1.0		
	2,4-D			1.0	0.50	0.1 ~ 1.0	2.0			
	P-氯苯氧乙酸				0.2					
pH		5.7	5.8	5.8	5.8	5.5	5.8	5.6	5.0	

附录六　植物组织培养基及其配制

一、培养基的成分

培养基是组织培养中离体材料赖以生存和发展的基地。大多数培养基的成分是由无机营养物、碳源、维生素、有机附加物和生长调节物质等 5 类物质组成的。

1. 无机营养物

无机营养物由大量元素和微量元素两部分组成。大量元素包括氮、磷、硫、钾、钙、钠、镁和氯化物。微量元素包括碘、锰、锌、钼、铜、钴和铁。培养基中的铁离子,大多以螯合铁的形式存在,即 $FeSO_4$ 与 Na_2-EDTA(螯合剂)的混合。

2. 碳源

培养的植物组织或细胞,它们的光合作用较弱。因此,需要在培养基中附加一些碳水化合物以供需要。培养基中的碳水化合物通常是蔗糖。蔗糖除作为培养基内的碳源和能源外,对维持培养基的渗透压也起到重要作用。

3. 维生素

为了利于外植体的发育,常在培养基中加入维生素。培养基中的维生素属于 B 族维生素,其中效果最佳的有维生素 B_1、维生素 B_6、生物素、泛酸钙和肌醇等。

4. 有机附加物

有机附加物包括人工合成或天然的有机物。最常用的有酪蛋白水解物、酵母提取物、椰子汁及各种氨基酸等。此外,琼脂也是最常用的有机附加物,它主要是作为培养基的支持物,使培养基呈固体状态,以利于各种外植体的培养。

5. 生长调节物质

常用的生长调节物质包括:

(1)植物生长素类

吲哚乙酸(IAA)、萘乙酸(NAA)、2,4-二氯苯氧乙酸(2,4-D)。

(2)细胞分裂素类

玉米素(Zt)、6-苄基嘌呤(6-BA 或 BAP)和激动素(Kt)。

（3）赤霉素类

霉酸（GA_3）。

二、常用培养基配方及其特点

1. 常用培养基配方

培养基的选择在很大程度上决定了组织培养是否成功。不同培养基有不同特点，适合于不同的植物种类和接种材料。进行组织培养前，应对各种培养基进行了解和分析，以便能从中选择使用。几种常用培养基的配方见附录五。

2. 几种常用培养基的特点

（1）MS 培养基是 1962 年由 Murashige 和 Skoog 为培养烟草细胞而设计的。其特点是无机盐和离子浓度较高，为较稳定的平衡溶液，对保证组织生长所需的矿质营养和加速愈伤组织的生长十分有利。其养分的数量和比例较合适，可满足植物的营养和生理需要。可用来诱导愈伤组织，或用于胚、茎段、茎尖及花药培养，它的液体培养基用于细胞悬浮培养时能获得明显成功。它的硝酸盐含量较其他培养基高，广泛地用于植物的器官、花药、细胞和原生质体培养，效果良好。有些培养基是由它演变而来的。

（2）B5 培养基是 1968 年由 Gamborg 等人为培养大豆根细胞而设计的。其主要特点是含有较低的铵，减少了铵对植物生长的抑制作用。有些植物在 B5 培养基上生长更适宜，如双子叶植物特别是木本植物。

（3）N6 培养基是 1974 年朱至清等人为水稻等禾谷类作物花药培养而设计的。其特点是成分较简单，KNO_3 和（NH_4）$_2SO_4$ 含量高。在国内已广泛应用于小麦、水稻及其他植物的花药培养和其他组织培养。

（4）White 培养基是 1943 年由 White 为培养番茄根尖而设计的。1963 年又作了改良，称作 White 改良培养基，提高了 $MgSO_4$ 的浓度和增加了激素。其特点是无机盐数量较低，适于生根培养。

（5）KM-80 培养基是 1974 年为原生质体培养而设计的。其特点是有机成分较复杂，它包括了所有的单糖和维生素，广泛用于原生质融合的培养。

三、培养液的配制

1.制备母液

为了避免每次配制培养基都要对几十种化学药品进行称量,应该将培养基中的各种成分,按原量的 10 倍、100 倍或 1 000 倍称量,配成浓缩液,这种浓缩液叫做母液。每次配制培养基时,取其总量的 1/10、1/100、1/1 000 加以稀释,即成培养液。

根据培养目的和不同培养基的特点,明确培养基中各种成分及其含量,准备一份配制培养基的成分单,将培养基的全部成分和用量填写清楚。配制时,按表列内容顺序,按项按量称取。培养液中各类物质制备母液的方法如下:

(1)大量元素

制备大量元素时,按表中排列的顺序,以其 10 倍的用量,分别称出并进行溶解,以后按顺序混在一起,最后加蒸馏水,使其总量达到 1 L,此即大量元素母液。

(2)微量元素

因用量少,为称量方便和精确起见,应配成 100 倍或 1 000 倍的母液。配制时,每种化合物的量加大 100 倍或 1 000 倍,逐次溶解并混在一起,制成微量元素母液。

(3)铁盐

铁盐要单独配制。由硫酸亚铁($FeSO_4 \cdot 7H_2O$) 5. 57 g 和乙二胺四乙酸二钠(Na_2-EDTA) 7. 45 g 溶于 1 L 水中配成。每配 1 L 培养基,加铁盐 5 mL。

(4)有机物质

主要指氨基酸和维生素类物质。它们都需分别配成所需的质量浓度(0.1～1.0 mg/mL),用时按培养基配方中要求的量分别加入。

(5)植物激素

最常用的有生长素和细胞分裂素。这类物质使用质量浓度很低,一般为0.01～10 mg/L。可按用量的 100 倍或 1 000 倍配制母液,配制时要单独称量,分别贮藏。

配制植物生长素时,应先按要求浓度称好药品,置于小烧杯或容量瓶中,用1～2 mL 0.1 mo/L 氢氧化钠溶解,再加蒸馏水稀释至所需浓度。配制细胞分裂素时,应先用少量 0.5 mo/L 的盐酸溶解,然后加蒸馏水至所需量。

以上各种混合液(母液)或单独配制的药品,均应放入冰箱中保存,以免长菌变质。而培养基中所需的蔗糖、琼脂等,可按配方中要求,随称随用。

2. 配制培养基

(1)根据配方要求,用量筒或移液管从每种母液中分别取出所需的用量,放入同一烧杯中。

(2)用天平称取琼脂后加蒸馏水 300 ~ 400 mL,加热并不断搅拌,直至煮沸溶解呈透明状,再停止加热。

(3)将用天平称取蔗糖,连同已取好的各种母液,加入煮好的琼脂中,再加水至 1 000 mL,搅拌均匀,配成培养基。

(4)用 1 mo/L 的氢氧化钠或盐酸,滴入培养基里,每次只滴几滴,滴后搅拌均匀,将培养基的 pH 值调到 5.8。

(5)将配好的培养基,用漏斗分装到三角瓶(或试管)中,并用棉塞塞紧瓶口,瓶壁写上号码。瓶中培养基的量约为容量的 1/4 或 1/5。

3. 培养基的灭菌与保存

培养基配制完毕后,应立即灭菌。通常用高压蒸汽灭菌锅湿热灭菌,即 121 ℃条件下,灭菌 20 min。如果没有高压蒸汽灭菌锅,也可采用间歇灭菌法进行灭菌,即将培养基煮沸 10 min,24 h 后再煮沸 20 min,如此连续灭菌 3 次,即可达到完全灭菌的目的。

经过灭菌的培养基应置于 10 ℃下保存,特别是含有生长调节物质的培养基,在 4 ~ 5 ℃低温下保存要更好些。含吲哚乙酸或赤霉素的培养基,要在配制后的一周内使用完,其他培养基最多也不应超过一个月。在多数情况下,应在消毒后两周内用完。

附录七　各种实验麻醉方法简介

一、全身麻醉

1. 吸入麻醉

多用乙醚作为吸入麻醉药。

（1）小白鼠的麻醉

将要麻醉的小白鼠放入广口瓶内，再向瓶内放入浸过乙醚的药棉，然后将瓶口朝下放在实验台上，经 20~30 s 左右，小白鼠即可进入麻醉状态。

（2）大白鼠的麻醉

将钟罩口朝下放在实验台上，将要麻醉的大白鼠放入钟罩内，再向钟罩内放入浸过乙醚的药棉，经 20~30 s 左右，大白鼠即可进入麻醉状态。

2. 非吸入麻醉（注射麻醉）

注射麻醉药品的种类较多，药物的选择及给药方法，可根据实验目的、动物品种以及手术过程来确定。

（1）家兔的麻醉

一人捉住家兔，另一人腹腔注射 3% 戊巴比妥钠，给药量为 35 mg/kg 体重，5~10 min，家兔即可进入麻醉状态。

（2）狗的麻醉

捉住狗，腹腔注射 3% 戊巴比妥钠，给药量为 35 mg/kg 体重，10~15 min，狗即可进入麻醉状态。

二、局部麻醉

通常将动物固定，剪去手术部位的毛发，皮下浸润注射 0.05%~0.1% 盐酸普鲁卡因注射液，或黏膜表面用棉球涂布 2% 盐酸可卡因溶液即可。

三、常用注射麻醉剂

1. 巴比妥类

巴比妥类都是弱酸，白色结晶，难溶于水，动物麻醉用其钠盐，虽然巴比妥钠盐易溶于水,但不稳定,放后易分解出现沉淀。巴比妥及钠盐对动物均有良好的麻醉作用,手术时间较长者,可用巴比妥钠、鲁米那钠,若动物手术后需要恢复者,则宜用戊巴比妥钠、硫喷妥钠等。

(1)戊巴比妥钠

此药为白色粉末,用生理盐水或蒸馏水配制好后放在瓶内,并将瓶塞塞紧,以免空气进入产生沉淀。如果将蒸馏水煮开冷却后配制溶液则可保存较长时间。

常用剂量如下表:

动物种类	质量分数	给药量/(mg·kg^{-1})	注射部位
狗	3%	30~35	静脉或腹腔注射
猫	3%	40	腹腔注射
兔、鼠	3%	40	腹腔注射
猴	2%~3%	20~30	静脉注射
鸟类	3%	50~100	肌肉注射

注意事项

1.狗可麻醉 5 h,对呼吸、血压影响较小,肌肉松弛不全。

2.静脉注射应缓慢,肌紧张和痛觉消失应停止注射。

3.腹腔注射为好,约 15 min 左右动物即可麻醉。

4.大白鼠实验时,如醒来可补 1/4 量,40 min 后进行实验。

(2)巴比妥钠

此药为白色粉末,用蒸馏水配制。

常用剂量:

动物种类	质量分数	给药量/(mg·kg^{-1})	注射部位
狗	10%	200~250	静脉注射
猫、兔	10%	250	腹腔注射
鼠	20%	200	皮下注射

注意事项:

用狗做实验时,常与吗啡合用,吗啡剂量为 3~5 mg/kg。

(3)硫喷妥钠

此药为淡黄色粉末状,易溶于水,其溶液不稳定,需临用前配制。

常用剂量:

动物种类	质量分数	给药量/(mg·kg^{-1})	注射部位
狗	2.5%~5%	15~25	静脉注射
兔	2.5%~5%	10~20	静脉注射
猫	2.5%~5%	15~25	腹腔注射
大鼠	2%~3%	40	腹腔注射

注意事项:

1. 仅麻醉 1 h 左右。

2. 溶液不稳定,临用时配制。

3. 不宜皮下注射或肌肉注射。

4. 静脉注射作用快,对心血管及内脏损害小。

(4)鲁米那钠(苯巴比妥钠)

常用剂量:

动物种类	质量分数	给药量/(mg·kg^{-1})	注射部位
狗、猫	10%	80~100	静脉或腹腔注射
兔	10%	150~200	腹腔注射
大白鼠	2%	25~35	腹腔注射

注意事项:

1. 麻醉可持续 24~72 h 左右。

2. 不适宜做血压实验。

2. 其他

(1)乌拉坦(又名氨基甲酸乙酯)

为白色结晶颗粒状,易溶于水,用蒸馏水或生理盐水配置。

常用剂量：

动物种类	质量分数	给药量/$(g \cdot kg^{-1})$	注射部位
狗、兔	10% ~25%	1	静脉注射
猫	10% ~25%	1	腹腔注射
大白鼠	10% ~25%	1 ~1.5	腹腔注射
蛙	20% ~25%	0.2	皮下淋巴囊注射

注意事项：

1. 对器官功能扰乱小。

2. 猫因静脉难找，一般采用腹腔注射，如将药液稍加温，作用更快，温度不宜过高，以免使呼吸停止而死亡。

3. 麻醉剂用时应注意的事项

(1) 静脉注射时，速度要均匀，不宜太快，注射太快是引起动物死亡的重要因素之一。

(2) 确定麻醉剂量时应考虑动物品种和健康状况。

(3) 如麻醉深度不够，须经过一定时间后，才能补充麻醉剂。如戊巴比妥钠，至少需在第 1 次注射后 5 min，苯巴比妥钠至少须经过 30 min 以上，才能补充麻醉。一般情况下，补加剂量 1 次不得超过原注射量的 1/4 ~1/5。

参考文献

[1] 陆时万,等. 植物学(上册)[M]. 北京:高等教育出版社,1982.

[2] 杨继,郭友好,杨雄,等. 植物生物学[M]. 北京:高等教育出版社,1999.

[3] 傅承新,丁炳扬. 植物学[M]. 杭州:浙江大学出版社,2002.

[4] 张志良,瞿伟菁. 植物生理学实验指导[M]. 3 版. 北京:高等教育出版社, 2003.

[5] 刘保东,范亚文,王臣. 东北地区植物学实践简明教程[M]. 哈尔滨:黑龙江 科学技术出版社,2002.

[6] 胡宝忠,常缨. 植物学实验[M]. 北京:中国农业出版社,2005.

[7] 王英典,刘宁. 植物生物学实验指导[M]. 北京:高等教育出版社,2004.

[8] 高信曾. 植物学实验指导(形态、解剖部分)[M]. 北京:高等教育出版社, 1986.

[9] 李合生. 植物生理生化实验原理和技术[M]. 北京:高等教育出版社,2000.

[10] 汪矛. 植物生物学实验教程[M]. 北京:科学出版社,2003.

[11] 刘凌云,郑光美. 普通动物学实验指导[M]. 北京:高等教育出版社,1998.

[12] 刘凌云,郑光美. 普通动物学[M]. 北京:高等教育出版社,1997.

[13] 许崇任,程红. 动物生物学[M]. 2 版. 北京:高等教育出版社,2010.

[14] 中山大学,中国科技大学,北京师范大,等. 生理学实验[M]. 北京:人民教 育出版社,1982.

[15] 侯福林. 植物生物学实验教程[M]. 北京:科学出版社,2004.

[16] 汪小凡,杨继. 植物生物学实验[M]. 北京:高等教育出版社,2006.